# Flint

## En historie om flint og hvorledes flint dannes

**Nick B. Svendsen**

**Forlag: BoD - Books on Demand, Hellerup, Danmark**

**Tryk: BoD - Books on Demand, Norderstedt, Tyskland**



**Forsidedesign Nick B. Svendsen**

**ISBN: 9788743048701**

**www.bod.dk**
**info(@)bod.dk**

MIX
Papir fra ansvarlige kilder
Paper from responsible sources
FSC® C105338

# Indhold

# Introduktion

Går man ude i den danske natur, specielt ved stranden og i grusgravene, vader man i flintsten. Går man på en grusbelagt plads, består en væsentlig del af gruset af flint. Så flint udgør en del af hverdagen her i Danmark.

Tilbage i den sene jernalder og vikingetiden fandt bønderne ude på deres marker flintøkser og flint-redskaber. Den slags var helt klart ikke naturskabt, og så måtte det være gudernes værk. Man troede, det var efterladenskaber efter guden Thor, for når han for hen over himlen og kastede sin hammer Mjølner, tordnede og lynede det. Flintøkserne måtte være rester af Thors lyn. I dag ved vi, at disse tordensten, med form som stenøkser, stammer fra stenalderen, hvor mennesket fremstillede deres redskaber af sten.
I Danmark brugte stenaldermenneskene overvejende flint til deres redskaber.

Arkæologerne og historikerne er meget interesseret i flint, specielt de der arbejder med oldtiden, hvor mennesket brugte flint til en stor del af deres værktøj og våben. Der findes derfor flere bøger med beskrivelse af flint, flintredskaber og fremstillingen af flintredskaber, for eksempel P. Vang Petersens bog fra 2007, men den mangler et bredere geologisk fundament for forståelsen af flints dannelse. Den side af sagen er kun skitseret.

Hvor stammer flinten fra og hvordan er den dannet?
W. Shepherd skrev i 1972 på engelsk en bog om flint, og på dansk er der en bog af Sørensen og Iversen (1995). Begge bøger beskriver flintens dannelse. Men der er, på det videnskabelige område, sket meget siden hen, som retfærdiggør en opdatering af disse populærvidenskabelige bøger.

Følgende er et forsøg på at give en fremstilling af flint og flintdannelse fra et overvejende geologisk perspektiv, med afstikkere ind til arkæologien. Forfatterens erfaring med kalken ude i Nordsøen er inddraget i denne fremstilling af flinten og dens tilblivelse.

I kapitel 1 beskrives de kalkformationer, hvor flint forekommer i Danmark, dvs. Maastricht- og Danien kalklagene. I de to efterfølgende kapitler beskrives flint og en flintdannelsesmodel, der som noget nyt foreslår, at der er flere kilder til den silica, som har dannet flintlagene. I de efterfølgende kapitler beskrives, hvor man finder flint i naturen og nogle eksempler på menneskets udnyttelse af flint i moderne tid. De efterfølgende appendiks inkluderer forskellige fænomener, såsom fossiler, sporfossiler, hærdningshorisonter og Fiskeleret, der skal gøre det lettere at forstå geologien af kalkbjergarterne, og derved også flintdannelsesmodellen. Forfatteren har samlet en hel del publicerede røntgenanalyser af flint. De er vist i Appendiks D og danner basis for beskrivelsen af flint.
Specielle geologiske fagtermer er forklaret i fodnoterne.

Forhåbentlig gør alt dette, emnet flint, lettere at forstå også for læsere med et basalt kendskab til geologi.

Jeg vil gerne takke professor emeritus ved RUC Søren Toxsværd, professor ved DTU Ida Lykke Fabritius samt geolog Bjarne Skovbro for inspirerende diskussioner om flint og værdifulde kommentarer til manuskriftet. Endelig vil jeg takke min hustru, Anne Svendsen, for værdifuld støtte i den endelige redaktion af teksten.

# Kapitel 1 - Kalken fra Maastricht og Danien

Flint findes i kalkformationer fra Danien- og Maastricht/Campanien

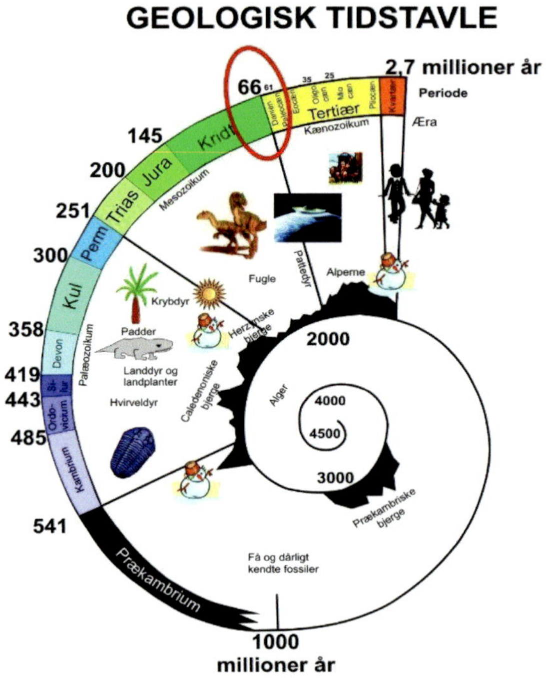


*Fig. 1 - Jorden er 4,6 milliarder år gammel. Geologerne har inddelt Jordens historie i 12 epoker.*
*Flint forekommer i mange epoker, men specielt i Jura- og Kridtidernes lag. I Danmark er det flinten fra Kridttidens lag, der omtales i denne bog. Den røde cirkel viser Maastricht og Danien etagernes tidsmæssige position. Underinddelingen af epokerne kalder man etager (Appendiks F).*

Etagerne, der findes i Danmarks undergrund, og som i nogle dele af Danmark kan ses ved overfladen. Maastricht/Campanien Etagerne hører til Kridttiden, mens Danien Etagen hører til Tertiærtiden, og etagerne dækker tilsammen tidsintervallet 60 til 80 millioner år siden (Fig. 1).

I Danmark varierer tykkelsen af de to kalklag mellem 200 og 2.100 m. Tykkest er de i det Danske Bassin (Kattegat og Sjælland) og tyndest på Ringkøbing Fyn højderyggen (Lolland, Falster og Sønderjylland) (Fig. 2D).

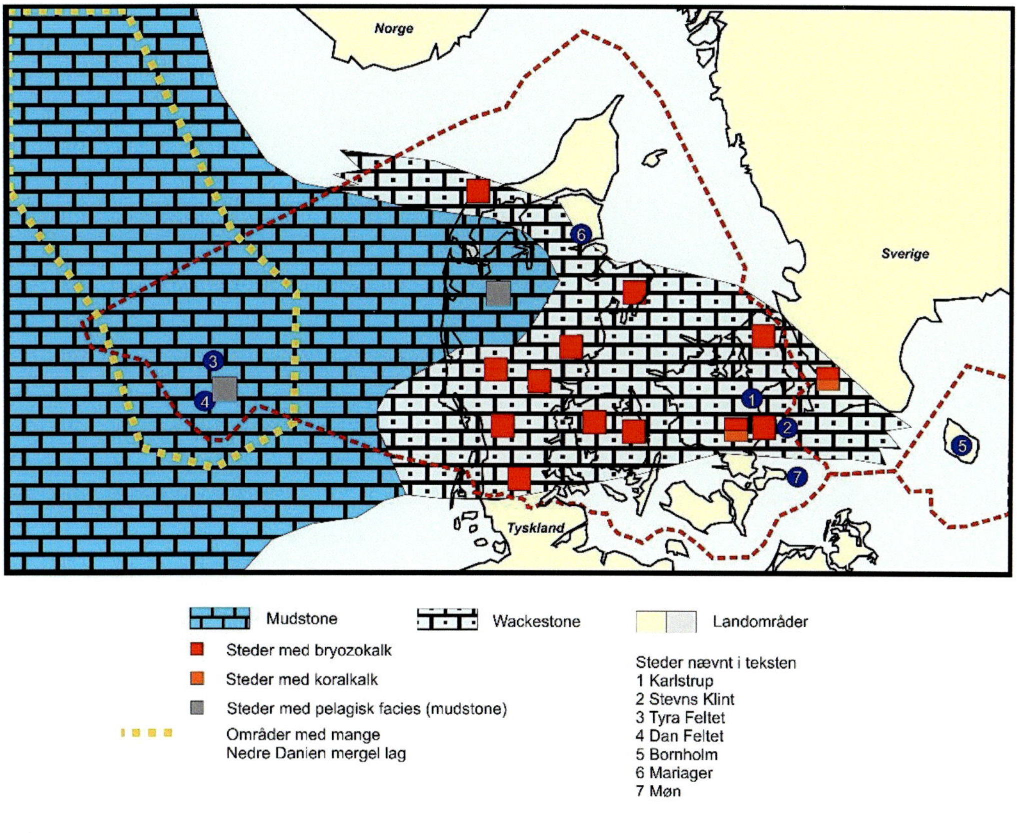


*Fig. 2A - Nedre Danien aflejringsmiljø.*

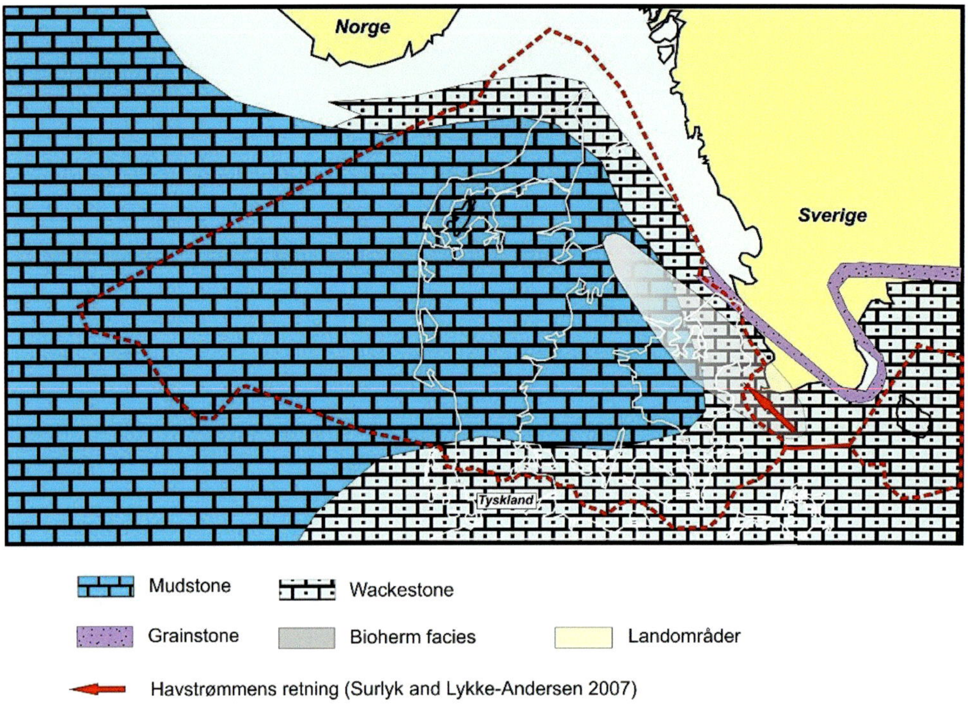


*Fig. 2B - Maastricht aflejringsmiljø.*

Inde på land og i Kattegat ligger kalken fra overfladen til ca. 300 m dybde, mens det ude i Nordsøen ligger i 2.000 til 3.000 m dybde. Kridttiden har sit navn efter de udbredte kalkformationer, der blev aflejret i denne periode. I løbet af Maastricht og Danien var store dele af Europa dækket af et havområde (Fig. 2A, B og C), der forbandt Nordsøområdet med den centrale del af Rusland, helt til Sortehavet og den Arabiske havbugt.

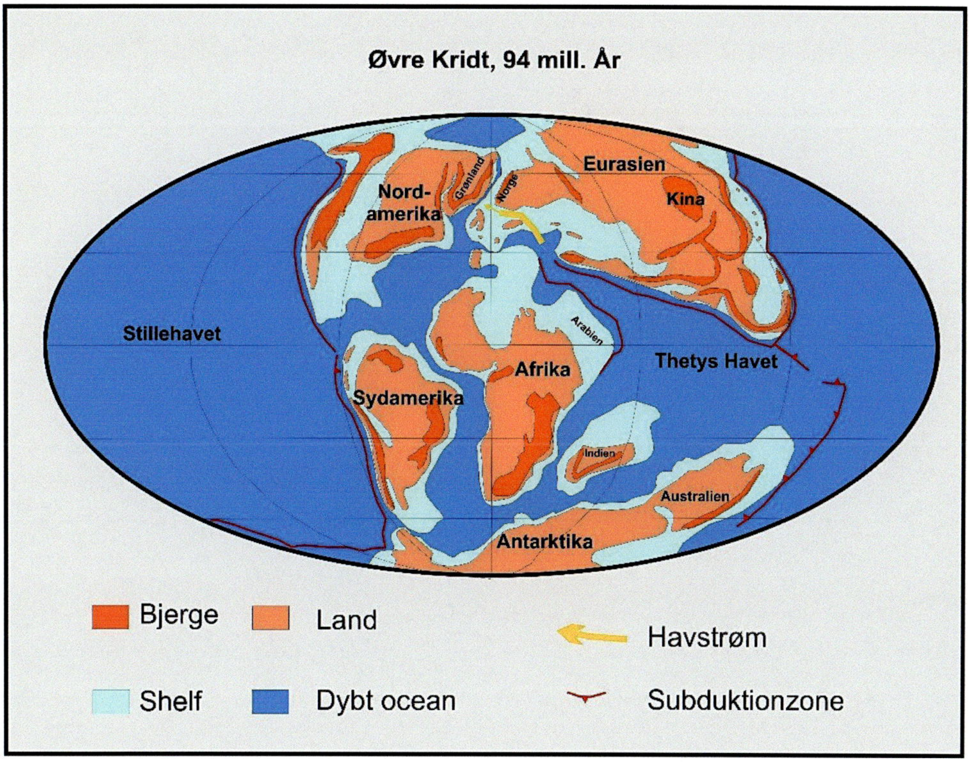


*Fig. 2C - Øvre Kridt, pladetektonisk rekonstruktion. Det meste af Europa var dækket af hav med en vanddybde under 400 m (shelfområde). Havet mod øst, mellem Eurasien, Afrika og Australien, kaldes Thetyshavet (dybhavet), der er en forløber for nutidens Indiske Ocean. Havstrømmen fra Thetyshavet var måske en analog til vore dages Golfstrøm.*

Den Arabiske Golf er resterne af Kridttidens udbredte havområde. Der er udbredt kalksedimentation i den Arabiske Golf i dag, der kan minde om kridthavet i Nordeuropa (Fig. 2C).

På det tidspunkt var de bjerge i Europa, der var dannet før kridttiden, eroderet så langt ned, at landskabet var relativt plant. Man kalder sådan et

landskab et peneplan. - Klimaet var varmt og tørt. Landskabets lave relief og det tørre klima førte til, at floderne kun førte lidt og generelt kun fint materiale ud til havet. Havniveauet var højt, så store dele af kontinenterne blev overskyllet af havet.
Ude i havet blev der aflejret kalk og i de nærliggende kystområder fossilrige kalksten og i nogen perioder sandsten (Fig. 2A og B).
Kalken består overvejende af mikroskopiske kalkkorn, der er så små, at det kræver et elektronmikroskop for at studere. De er overvejende mellem 1 og 3 my store (1 my er 1/1000 mm). Indimellem er de arrangeret i "møllehjul"

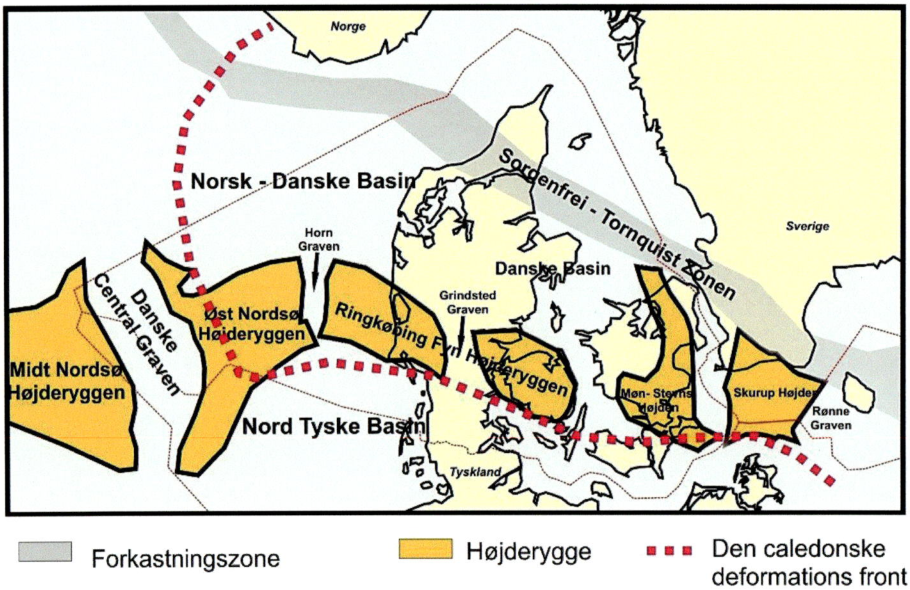


*Fig. 2D - Strukturelle elementer i Danmarks undergrund, dvs. sedimentbassiner og grundfjeldshøjderygge. Kalken er tynd ovenover højderyggen og tyk i bassinerne.*

(Fig. 3). Disse "møllehjul" er skeletrester af encellede alger, som kaldes kokkolitter. Kokkolitterne har været arrangeret i kugler, der kaldes kokosfærer, hvor algecellen har ligget inde i. Kokkosfærerne levede som plankton, dvs. svævede i havvandet i kridttidens hav. Klimaforholdene, under kridttiden, medførte en markant opblomstring af kokkosfære-algerne; havet var formodentlig til tider helt hvidt af disse alger.

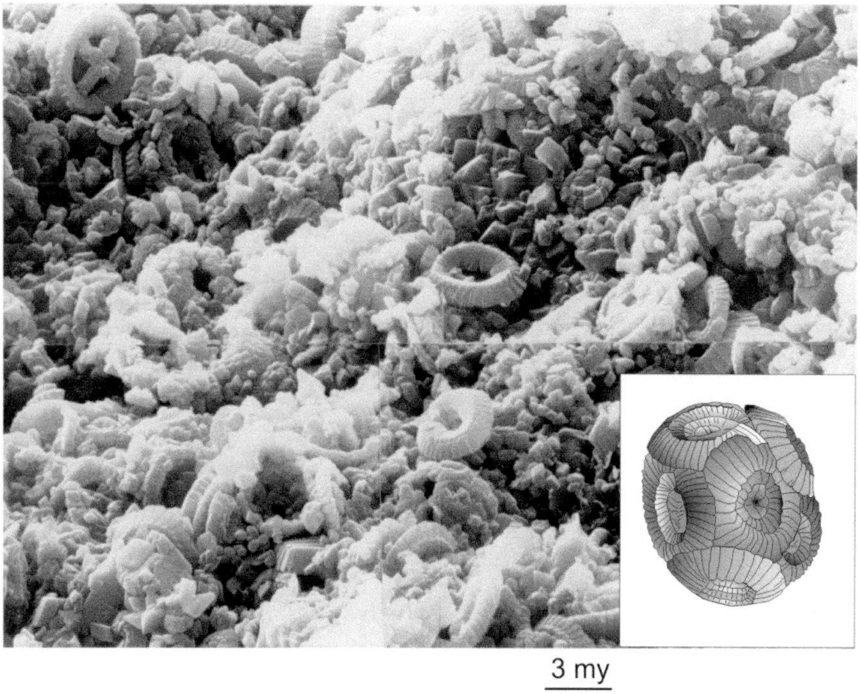


*Fig. 3 - Elektronmikroskopibillede af skrivekridt fra Nordsøen, Tyra Feltet, E-1x boringen fra 2058 m dybde. Bemærk de mange "møllehjul", det er kokkolitter. 6000 x forstørrelse.*
*Indsat billede af en kokkosfære, ca. samme størrelse.*

Kalken indeholder udover kokkolit-slammet andre fossiler. Det er specielt bryozoer, søpindsvin og koraller samt foraminiferer, sidstnævnte er encellede dyr.

Som nævnt førte floderne, fra de omkringliggende landområder, ikke meget ler og sand ud i havet, derfor er kalken meget ren. Kalken i Maastricht tiden indeholder generelt mindre end 3% ler, Danien kalken meget mere, det vender vi tilbage til.
I det europæiske kridttidshav aflejredes der blødt, rent kalkslam på havbunden, en type af sediment man i dag kun finder ude i dybhavet, dvs. på havdybder fra 1.000 til 4.500 m. Man mener havet, over dele af Danmark i Kridttiden, var 100 - 500 m dybt. Kalkslammet var oprindeligt opblandet med organisk materiale, der stammede fra resterne af algernes bløddele. Maastricht- og Danien kalklagene er blottet på Stevns Klint samt i Nordjylland, ved Limfjorden, hvor man disse steder kan se de mange flintlag, der ligger i kalken med regelmæssige intervaller (Fig. 4).

Lad os se nærmere på Stevns Klint for at få et indtryk af variationerne i kalksedimentet, som kan have indflydelse på flintdannelsen. Klinten har en karakteristisk profil, som havet har udformet ved sin erosion, hvor den hårdere kalk fra Danien rager ud over den noget blødere kalk fra Maastricht.

Maastricht kalklaget er på Stevns inddelt i to lag (stratigrafisk nomenklatur: Led, Appendiks F), nederst Sigerslev Leddet og øverst Højerup Leddet. Danien kalken kaldes også Korsnæb Leddet (Fig. 4).

## Sigerslev Led.

Kridtet i Sigerslev Ledet, der hører til Møn Formationen, er helt hvidt og relativt fossil fattigt, bortset fra kokkolitter, og klassificeret som det,

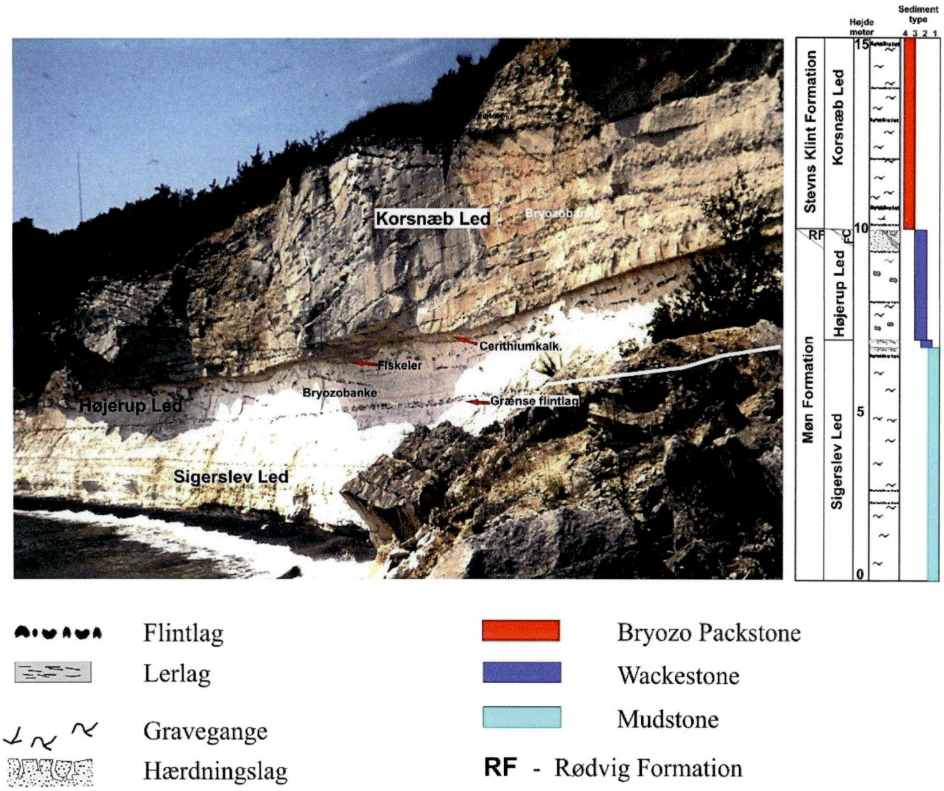


*Fig. 4 - Stevns Klint. Standardsektionen på klinten ved Højerup med den nyeste stratigrafiske nomenklatur. De sorte striber i kalken er flintlag. Man kan se bryozobankerne (bioherm) med den skråtstillede lagdeling i Højerup Leddet og Korsnæb Leddet. Flintlagene i Sigerslev Leddet ligger helt vandret. Det sedimentologiske profil er baseret på Svendsen (1975) samt senere arbejde. Det er kun den nederste del af Korsnæb-laget, der er vist i ovenstående sedimentologiske profil.*
*Kalken er inddelt i 3 formationer (Appendiks F), nederst Møn Fm., derefter Rødvig Formationen og øverst Stevns Klint Fm.*

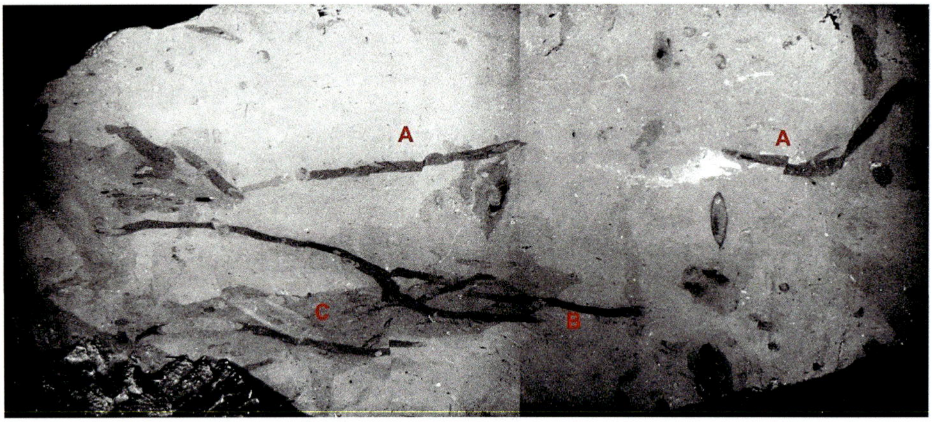


*Fig. 5 - Sammensat UV-fotografi af vertikal flade i Sigerslev Leddet på Stevns Klint. Små forkastninger, **A**, der skærer Zoophycos gange, er et resultat af kompaktion. De irregulære gråpartier er Thalassinoides gravegange, som må have været der først, idet Zoophycos gangen, **B**, skærer igennem Thalassinoides gangen, **C**. Den sidstnævnte må derfor have været fyldt med kalk, da Zoophycos gangen blev gravet (Håkansson et al.1974, Svendsen 1975). Den intense bioturbation har forhindret dannelsen af silicagel (se kapitel 3).*
*Se Appendiks A for detaljer om sporfossiler og gravegange.*

geologerne kalder en mudstone (se Appendiks A for Dunham kalksedimentklassifikationen). Kalken har dog spor i sedimenterne (sporfossiler), der er dannet ved, at bl.a. orme, krebs og søpindsvin har spist sedimenterne eller levet nedgravet i dem (Fig. 5). Så der har været liv i kalken, men det har kun afsat spor i form af gravegange. Sporenes udseende afspejler dyrenes størrelse og livsmåde. Sporfossilerne kan f.eks.være med til at afgøre, om aflejringen er foregået hurtigt eller langsomt, hvilket bl.a. har betydning for sedimentets porøsitet.

## Overgangslaget mellem Sigerslev- og Højerup Leddene.

I toppen af Sigerslev Leddet ligger et massivt flintlag, med et lag af bryozoholdig kalk på ca. 30 cm tykkelse ovenover (Fig. 6). Laget er karakteriseret ved let rødlige partier og grå pletter med samme farve, som den grålige kalk i Højerup-laget. Dette grænselag er udviklet som 2 hærdningslag (Fig. 6). Et hærdningslag (på engelsk hardground) er et lag, hvor kalken i havbunden er blevet cementeret (hærdet) på tidspunktet for aflejringen (Appendiks A). Typisk sker dette i perioder med nedsat sedimentation. De grå pletter er gravegange, som er blevet fyldt med grå kridt fra det overliggende Højerup Led, da sedimentationen af Højerup Leddet begyndte. Indtil da har gravegangene været åbne. De rødfarvede partier er cementerede knolde af kridt. Rødfarvningen er muligvis forvitret pyrit.

## Højerup Led.

Ovenover Sigerslev Leddet ligger Højerup Leddet (Fig. 7), som er mere fossilholdig og kridtsedimentet er klassificeret, som en wackestone (Appendiks A). Højerup Leddet er aflejret på en lavere vanddybde end Sigerslev Leddet. Kalken i Højerup Leddet er grå sammenlignet med det helt hvide Sigerslev Led. Fossilindholdet i Højerup Leddet er domineret af bryozoer eller på dansk mosdyr. De var små kolonilevende dyr, der byggede grenede kolonier på havbunden. De mange dyr har dannet små krat på havbunden, som har fanget det fine kokkolit-slam. Herved er der blevet dannet små banker, eller biohermer, som palæontologerne kalder dem. Disse biohermer havde den højeste sedimentationsrate på denne sydlige flanke, og voksede derfor mod syd (Fig. 4). Man mener, der var en havstrøm. som flød i en nordvestlig retning og kom fra den russiske platform. Havstrømmen medførte formodentlig næring, som bryozoerne levede af.

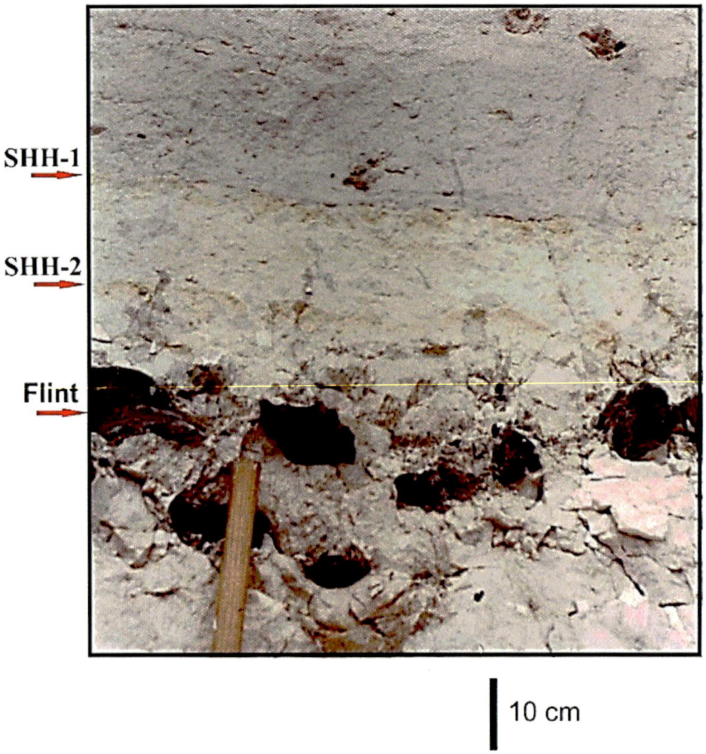


*Fig. 6 - Grænsen mellem det hvide Sigerslev Led (SHH-1) og det grå Højerup Led. De rødbrune rustpletter er rester af pyrit, der viser, at der har været et stop af sedimentationen. Havbunden har ligget eksponeret med åbne gravegange.*
*Sammenstødet mellem jernindholdet i porevandet og svovlbrinten fra det rådnende organiske materiale (se kapitel 2 og 3) giver en udfældning af pyrit i sedimentet i den suboxiske zone. Pyritten fremstår i dag som rustpletter. Der har været to sedimentationsstop med dannelse af hærdningslagene, SHH-1 og SHH-2. 10 cm under SHH-2 ligger det massive knoldeflintlag, som kan følges langs hele Stevns Klint, dvs. en strækning på 15 km.*

Den nordlige flanke af biohermerne udviklede sig til tider som en gravegangshorisont, med en mindre grad af hærdning, måske som et resultat af stop i kokkolitproduktionen forårsaget af en vending af havstrømmens retning (se senere). Flintlagene i Højerup Leddet er parallelle med de overliggende gravegangshorisonter (Fig. 7). Det større fossilindhold i Højerup Leddet viser, at havdybden aftog gennem den sidste del af Maastrichttiden.

## Danien Maastricht grænselaget (Rødvig Formationen).

Grænsen mellem Danien- og Maastricht Etagerne er det berømte Fiskeler (Appendiks C), som er op til 20 cm tykt og er aflejret i bassinerne mellem Højerup-lagets bryozobanker.
Laggrænsen bølger og følger de underliggende bryozobanker. Fiskeleret markerer et totalt stop af aflejring af kalk (Fig. 7). Grænsen ligger ved basis af Fiskeleret.

Efter Fiskeleret fulgte aflejring af Cerithiumkalken, der er navngivet efter en snegl, som der findes aftryk af i kalken.
Den øverste del af Cerithiumkalken kendes ikke, idet laget er eroderet således, at man kun finder Cerithiumkalken i lavningerne mellem de underliggende bryozobanker, ligesom Fiskeleret. Cerithiumkalken og Fiskeleret samt toppen af bryozobankerne fra Højerup-laget ligger inde i et hærdningslag. Disse to Led, Fiskeler og Cerithiumkalk, er samlet i Rødvig Formationen.
Det har i tidens løb været diskuteret, om havet trak sig tilbage og kalken på Stevns blev eksponeret for erosion og hærdning, mens det var tørlagt, men i dag mener man, at erosionen og hærdningen er foregået på relativ lav vanddybde, formodentlig 50 til 100 m.

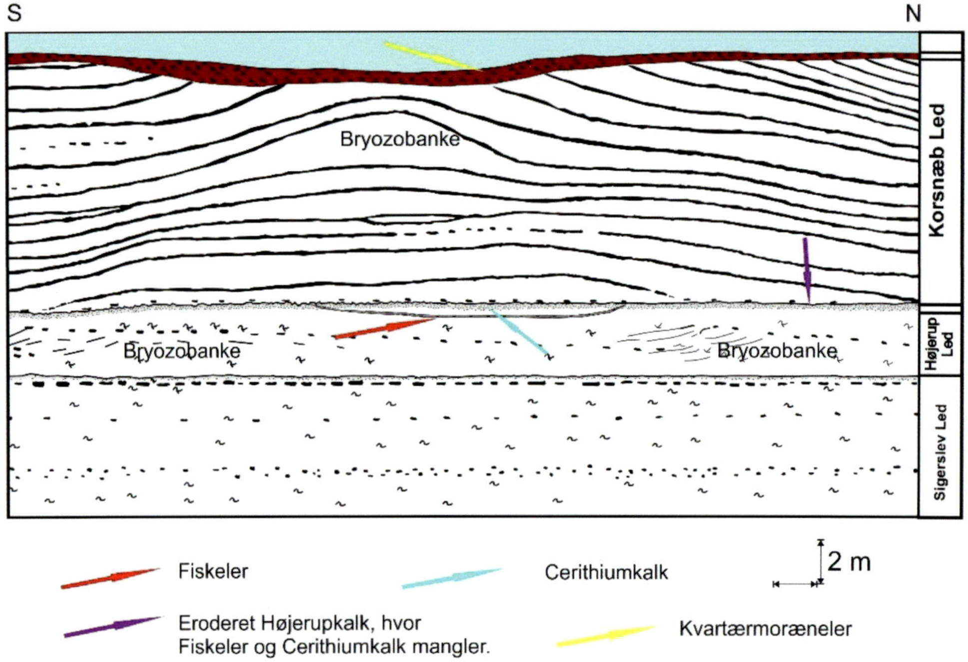


*Fig. 7. - Profil ved Højerup, Stevns Klint, der viser Danien-Maastricht grænsen. Svendsen (1975). Se Fig. 4 for legende.*

Hvis vi kigger på Nordsøen, ser vi, at grænsen mellem Danien og Maastricht er udviklet som et hærdningslag med et tykt mergellag ovenpå (Fig. 8). Dette mergellag er yngre end Fiskeleret. Mergellaget består af aske fra vulkanismen, i forbindelse med åbningen af Nordatlanten (Fig. 9). Måske har denne massive vulkanisme forårsaget et klimaskift (koldere klima) og en forsuring af havvandet på grund af svovldioxid gasser, og derved afbrudt kokkolit-produktionen i havet.

## Korsnæb Led.

Bryozokalken af Danien alder over Højerup Leddet er kaldt Korsnæb Leddet (Danien Bryozokalk). Denne kalk er mere hård og består næsten udelukkende af bryozoer og flint. Den bølgende lagdeling, fremhævet af flintlagene, viser, at kalken også her er blevet aflejret i banker (Fig. 4 og 7).

*Fig. 8 - Danien-Maastricht grænsen i Dan Felt boringen, ME-1. Lerlaget over hærdningslaget er yngre end Fiskeleret. Leret er 15 cm tykt.*

Den øvre del af Danien, som på Sjælland overvejende findes i undergrunden, kaldes København Kalk Formationen. Der er kun lidt af den tilstede på Stevns, idet laget er blevet eroderet af istidens gletsjere. København Kalken er fossilfattig og svarer sedimentologisk til Sigerslev Leddet, bortset fra den er mere hård og har flere flintlag.

Kalken har en høj porøsitet. Porerne udgør mellem 25 og 45% af bjergarten. Dengang kalken blev aflejret, udgjorde porerne i de øverste cm af kalken 70 % af sedimentet.

Den anslåede permeabilitet er baseret på forfatterens erfaring fra kernedata i Nordsøboringerne for kridt og viden om kalkstensreservoirer generelt. Formålet med dette estimat er at illustrere forskellen mellem de forskellige lag i permeabilitet, der eksisterede på aflejringstidspunktet.

**Tabel 1 Opsummering af kalklagenes fysiske egenskaber**

| **Stratigrafi** | Sigerslev-laget | Højerup-laget | Cerithiumkalken, Fiskeler og cementerede del af Højerup-laget | Korsnæb-laget | København Kalken |
|---|---|---|---|---|---|
| **Sediment** | Hvidt kridt | Grå kridt | Hærdningshorisont | Bryozokalk | Hvid kalk |
| **Klassifikation** | Mudstone | Wackestone | Wackestone | Pack- to grainestone | Mudstone |
| **Porøsitet %** | 40 - 45 | 39 - 42 | 30 | 40 | 40 |
| **Estimeret permeabilitet i mD** | 10 - 20 | 10 - 20 | 5 - 10 | 50 - 100 | 10 - 20 |
| **Estimeret vanddybde i m** | 200 - 400 | 100 -200 | 50 - 100 | 100 - 200 | 200 - 400 |
| **Ler indhold %** | 2 - 3 | 2 - 3 | 2 - 3 | 10 - 30 | 10 - 30 |

Klassifikationen af sedimentet følger den såkaldte Dunham Klassifikation, som er meget brugt af kalksedimentologer (Appendiks A).

I den centrale del af Jylland og i Nordsøen er kalken af Danien alder (Ekofisk Formationen) overvejende fossilfattig. Fossilindholdet reflekterer vanddybden på aflejringstidspunktet (Tabel 1), og med det ringe fossilindhold er Nordsøkalken derfor aflejret på dybt vand, 300-500 m. Kalken af Danien alder indeholder adskillelige mergellag, som stammer fra omdannet vulkansk aske og har generelt et højere ler indhold (se Kapitel 3) end kalken af Maastricht alder.

***Der er flintlag i alle disse kalkformationer.***

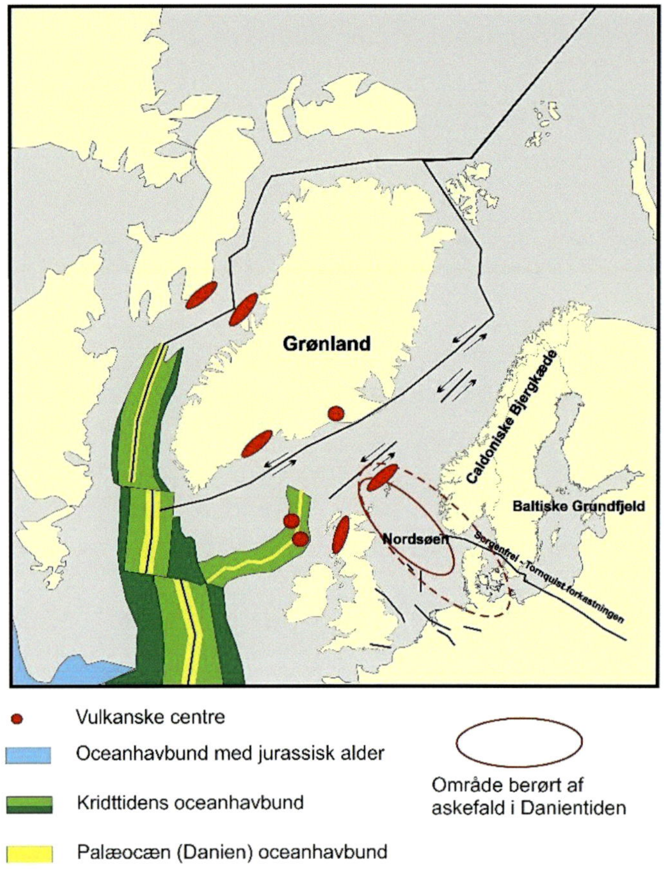


*Fig. 9 - Pladetektonisk rekonstruktion for 62 millioner år siden, baseret på Ramberg et al. (2006) og Nielsen (2008).*
*De vulkanske centre på Grønland og Shetlandsøerne (de røde pletter) er henholdsvis 65 og 62 millioner år gamle, og er de sandsynlige kilder til askelagene i kalken af Danien alder (bla. Stevns Klint og Karlstrup). De røde cirkler angiver sandsynlige områder, hvor der har været askefald i Danien i forbindelse med større vulkanudbrud.*

# Kapitel 2 - Flints udseende og fysiske egenskaber

Flint er en hård opak, sort, hvid eller grå kryptokrystallinsk sten, dvs. at man ikke kan se en krystalstruktur med det blotte øje (Fig. 10A og B). Det er i modsætning til for eksempel granit, som består af krystalkorn, der ofte er 1 til 2 mm store, hvor krystallerne kan ses med det blotte øje.

Flint består udelukkende af mineralet kvarts, $SiO_2$ (Siliciumdioxid), i form af de krystallinske former $\alpha$ kvarts og opal. Sidstnævnte indeholder vand ($SiO_2 - nH_2O$).

*Fig 10A – Sort Maastrichtflint med hvid skorpe og muslet brud. 15 cm bred. Stevns Klint.*

*Fig 10B – Sort Maastrichtflint med hvid skorpe. 10 cm bred.*

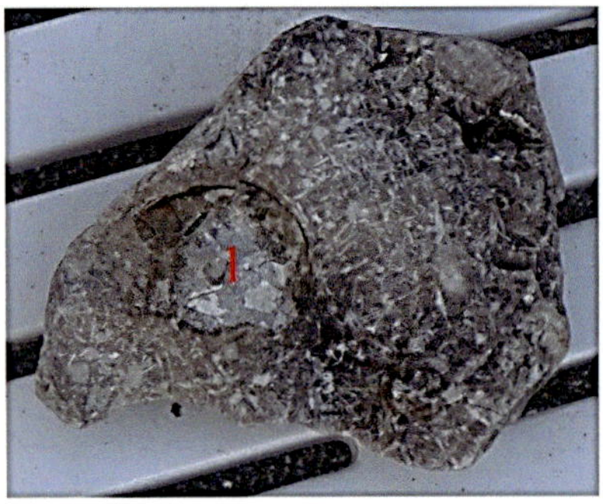

*Fig 10C – Grå/transparent Danienflint med bryozoer. Fyn.*
***1** -aftryk af søpindsvin. 15 cm bred.*

*Fig 10D – Grå meleret Danienflint fra Stevns Klint. I midten gravegang, der ikke er silicificeret. 40 cm bred.*

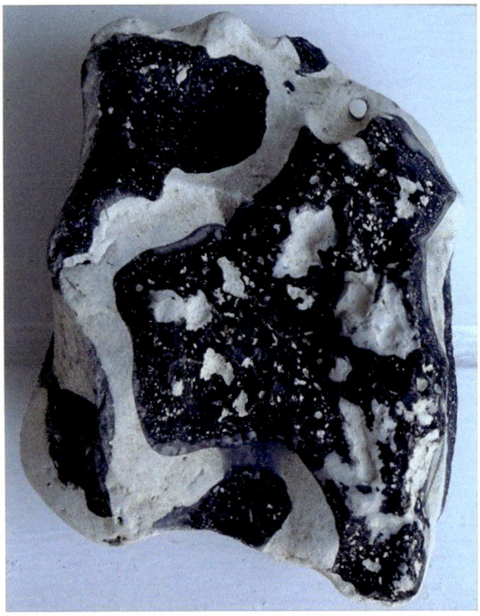

*Fig 10E – Plettet sort Danienflint med Hvid skorpe. 10 cm bred. Karlstrup.*

*Fig 10 F – Grå Danienflint med hvid skorpe og hvidt indre. Meleret. 20 cm tyk, Stevns Klint.*

*Fig. 10 – Flinttyper*

Flinten har "muslet" brud, dvs. når man slår et stykke af en flintsten, har brudfladen et udseende, som det indre af en muslingeskal. Sådan en brudflade er typisk for amorfe/opake bjergarter og glas. Kvarts er det almindeligste mineral i jordskorpen; hårdhed 7 efter Mohrs skala og massefylde 2,65 g/cm$^3$. Opvarmes kvartsen til en temperatur over 573 °C, omdannes $\alpha$-kvarts til heksagonal $\beta$-kvarts; under 573 °C dannes øjeblikkeligt $\alpha$-kvarts, der krystalliserer trigonalt. Temperaturen 573 $^{o}$ C kaldes også kvarts-springet.

Røntgenanalyser (Appendiks D) viser, at flinten generelt består af mellem 98 og 99,6% $SiO_2$.

Der er en lille forskel på Danien- og Maastricht-flint, idet Danien-flinten består i gennemsnit af 98,2% $SiO_2$ mens Maastricht-flinten består af 99,2 % $SiO_2$.

En mineralogisk analyse af den sorte flint fra Maastricht-aflejringerne på

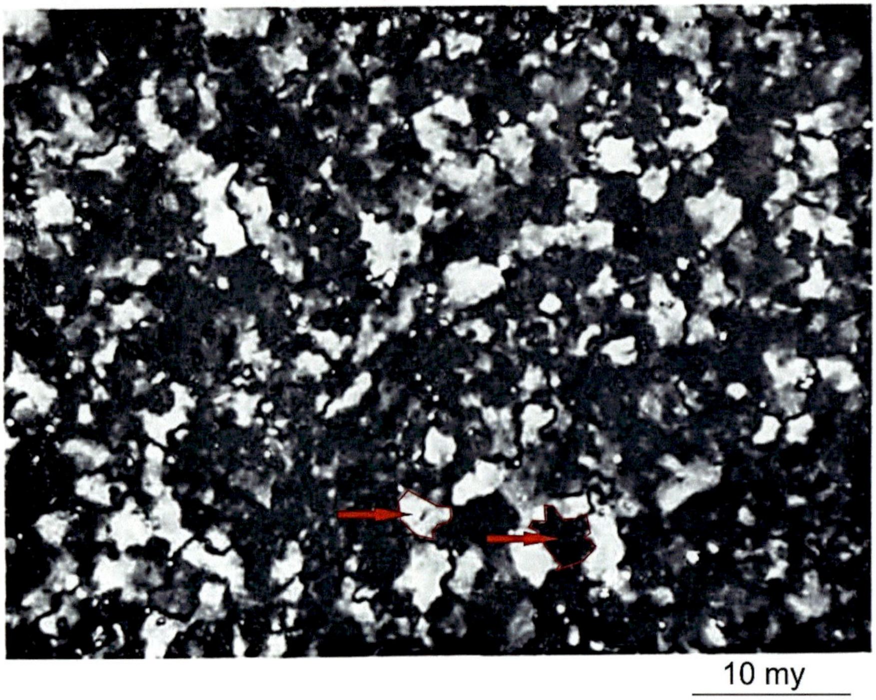


*Fig. 11 - Mikroskopibillede af tyndslib i flint, der viser silicakrystallerne i flinten (Michelsen 1966). Billedet er taget med krydset Nicol Prisme.* [1] *Derved fremstår de enkelte krystaller som sorte og hvide pletter. De røde pile viser eksempler på enkelte krystaller.*

Stevns Klint (Tovborg-Jensen et al. 1957, Michelsen 1966) viser, at flinten består af 2 - 30 my store kvartskorn (Fig. 11) med tilfældige orienteringer.

---

[1] Et Nicol-prisme er en type polarisator på et mikroskop, en optisk enhed lavet af kalcitkrystal, der bruges til at producere og analysere med planpolariseret lys.

Kornstørrelsen for Maastrichtkalken er 7,5 my i gennemsnit (Michelsen 1966), mens kornstørrelsen i den grå Danienflint er større (Thomsen 2000). Flintknoldene er silica-konkretioner, dvs. dannet ved kemisk udfældning af silica (kvarts, $SiO_2$) i kalken, hvor silica erstatter kalken, som er blevet opløst i denne proces. Flinten blev dannet ved "epitaxial replacering af en opal", "subsidiær kryptokrystallinsk silica-syre", dvs. en silicagel (Michelsen 1966).
Flinten indeholder ofte fossilrester fra kalken (Fig. 10C), og kalken har opløste fossilrester, der har haft et silica skelet. Det understøtter, at silica har erstattet kalken, efter at kalken blev aflejret.

Betegnelsen "flint" anvendes hovedsagelig for kisellag i kalksten i Nordeuropa (f.eks. Stevns Klint), mens udtrykket kisel eller på engelsk chert har en bredere anvendelse og indeholder kiselholdige sedimenter.

## Den hvide skorpe på flinten.

Flinten, i blotningerne på landjorden (eks. Stevns), har i overfladen stort set altid et tyndt ydre hvidt lag (Fig. 10B og E), en skorpe, med en tykkelse fra mindre end en millimeter til lejlighedsvis op til 2 millimeter og nogle gange endnu mere.

Vi skal skelne mellem to typer af skorper, den skorpe der findes på flinten, mens den endnu ligger i kalken (eks Stevns og Møn), her benævnt primær skorpe, og den hvide skorpe, der findes på flint, som har været bearbejdet og har været eksponeret til (hav)vand, her benævnt sekundær skorpe.

## Den Primære skorpe

Den primære skorpe ses som et gråhvidt lag udenpå den sorte flint, med en skarp grænse mellem det grå og hvide silica (Fig. 10B). Overfladen er hvid med små gruber.

*Fig. 12 - ME-1 boringen i Dan Feltet ved 2184,7 m. Omridset af flintknolden er meget "knudret" eller "nopret". Det svarer til det, man observerer på flintsten, som man finder i naturen (Fig. 11).*
*Det viser "silicificeringsfronten", der vokser ud fra flintknolden tilfældige steder. Det er ikke altid, at den hvide skorpe er "knudret", i mange tilfælde er den helt glat (Fig 10B).*

Selve den gråhvide skorpe synes dog lige så kompakt som den sorte flint. Den primære skorpe (Fig. 10) er beskrevet af Helge Gry, der mener, den består af opal. Hans undersøgelser viste, at skorpen består inderst af en fast, helt opaliseret del, og en ydre del, som fylder porerne op mellem kalkkornene. Det kan betyde, at den hvide primærskorpe er et vækstlag. Gry nævner, at det ydre overgangslag kan være tykkere, og det er specielt sådan i Ålborg området (tykkelsen måles i cm i stedet for mm).

Michelsens (1966) analyser peger dog ikke på, at laget er opal, men blot α-kvarts. Han siger, at det er den mindre kompakte struktur, der giver den hvide farve.
Stenestad (1976) viser nogle billeder af flint fra kernerne i tunnelbaneboringerne i København. Billederne af kernerne viser gennemskåret flintknolde, hvor flinten har en tydelig hvid skorpe med en bølgende front mellem sort og hvid flint. Flinten ligger i den meget kompakte København-kalk (øvre Danien). Flinten har ikke været eksponeret ved overfladen, som flinten ved Stevns Klint.
Der er ikke noget, som viser at flinten er forvitret.

Flinten i Nordsøkalken har ikke en primær skorpe. Årsagen til dette er uklar, men da flinten i Nordsøen overvejende er hvid/grå, så vil man ikke kunne se en eventuel skorpe. - Fronten mellem flint og kalk er en bølgende linje på samme måde som i København-kalken (Fig. 12).

Forskellen mellem kalken under København og under Nordsøen er formationsvandet. I Nordsøen blev formationsvandet etableret, efter kalken blev begravet (saltvand). Formodentlig foregår der stadig en flintdannelse i Nordsøens flint, idet askelagene i kalken af Danien alder stadig afgiver $SiO_2$ (se senere).
I Københavnsområdet (og i øvrigt inde på land) ligger kalken i grundvandszonen (ferskvand), dvs. da istidens gletsjere havde eroderet ned til kalken, blev den invaderet af ferskvand. - Det standsede flintdannelsen.

*Fig. 13 - Tyra E-4 ved 2007,4 m (6586 ft) Ekofisk Formationen. Flinten har sine steder samme knudrede overflade som på Fig. 22. Man kan se gravegange både inde i og uden for flinten, og øverst lagdelingen i kalken.*

I Kristianstadkalk, i Sverige, og "Jysk prikket flint" finder man "hvide pletter" inde i flinten (Fig. 10E). Det skyldes urenheder i kalken, som har påvirket flintdannelsen; pletterne er en form for intern primær skorpe.

## Den sekundære skorpe

Michelsen (1966) har undersøgt den sekundære skorpe på en flintøkse, der havde ligget i havvand. Han kunne ikke finde nogen mineralogisk forskel mellem skorpen og den indre bevarede flint, begge dele er $\alpha$-kvarts. Han gør dog opmærksom på, at der er en del diskussion i litteraturen om den sekundære skorpe. Tidligere har forskerne postuleret, at den sekundæreskorpe består af opal.

Hans observationer tyder på opløsning af flinten, og at den hvide skorpe derfor skyldes indtrængende vand. Vandet er diffunderet ind mellem kvartskrystallerne (måske en opalisering?) og giver anledning til små sprækker. Det ændrer flintens optiske egenskaber (lysbrydningen), og giver den hvide farve. Det ligner lidt effekten af brændingen af kvarts. Den oprindelige slebne overflade er bevaret på øksen. Sprækkerne mellem kvartskrystallerne er 4,5 nanometer brede (1 nm er en milliarddel meter). Vi kender alderen på stenøksen som Michelsen analyserede, Bondestenalderen (3900 – 1800 fvt). Da stenøksen først er kommet i vandet efter brug, må vi antage, at det er sket for ca. 4000 år siden. Dvs. forvitringsprocessen er en relativ geologisk "hurtig" proces. Processen er ikke sket "overnight", men forvitringen er dog nok hurtigere end de 4000 år.

**Skorpen - opsummering**

Hvis vi opsummerer, er den primære hvide skorpe på flinten $\alpha$-kvarts og resultatet af en mere "løs" struktur med mikroskopiske sprækker mellem kvartskrystallerne, hvor vand er diffunderet ind i sprækkerne, og derved har ændret de optiske egenskaber.
Overfladen på flinten er ofte nopret og uregelmæssig (Fig. 10B, Fig. 12 og Fig. 13) og viser, hvorledes tilvæksten af silica på flinten er foregået ved småfremspring på overfladen, dengang flinten blev dannet.
Det er muligt, at det indtrængende vand indgår i krystalstrukturen (opalisering), men det meste befinder sig formodentlig blot i de mikroskopiske sprækker.

*Fig. 14 - Et massivt flintlag fra Danfeltet, som kan følges mellem flere boringer (Fig. 24).*
*Flinten er grå til hvid med spor af gravegange,* ***A****, og lagdelt kalk,* ***B****.*
*Kalken varierer mellem lag, der ikke er blevet bioturberet og bioturberede lag. Flinten er en porcelanit.*
*ME-1 boringen (2383,75 m dybde), Maastricht kalk af Tor Formationen.*
*Flinten er 20 cm bred.*

Den primære skorpe er kun udviklet i områder, hvor formationsvandet i den flintbærende formation er blevet ferskt, dvs. de områder der er påvirket af istidens gletsjere.

Den sekundære skorpe er et forvitringsfænomen på arkæologiske objekter, hvor der er dannet en skorpe (på polerede overflader) ved vandindtrængning i overfladen af det arkæologiske objekt (flintøkse?).

## Flintens farve.

Maastricht-flintens farve varierer mellem hvid (Fig. 13) og sort (Fig. 10A). Flinten kan være porcelænsagtig (porcelanit). Farvevariationen fortolkes (Madsen 2009; Madsen og Stemmerik 2010) som et resultat af stigende grad af silicificering, hvor den sorte flint udgør ren α-kvarts og den hvide flint en blanding af opal og α-kvarts.

Danienflinten varierer mellem sort, grå og hvide nuancer (Fig. 10D, F og 14), til tider gullig farve. Den grå Danienflint kaldes også Mat Danienflint. På Stevns Klint er Maastricht-flinten sort, mens Danien-flinten varierer mellem sort flint og gråmeleret flint.
De nederst 2 Danienflintlag på Stevns Klint er sorte til mørkegrå, mens de øverste flintlag på klinten er grå.

Flintens farve er ikke altid ensartet (Fig. 10 D og 14), men plettet og broget. Ved nærmere eftersyn viser det sig, at ”pletterne” er skyggerne af gravegange eller sedimentstrukturer, som har været i kalken, inden den blev silicificeret. Det betyder, at små variationer i sporstofferne i kalken kan have en effekt på farven i flinten.

Som beskrevet tidligere, er der en del ler i kalken af Danien alder, enten i form af lerlag eller fint fordelt ler i kalken, der stammer fra omdannet vulkansk aske. Leret er alt sammen aluminiumsilicater.
Danienflinten indeholder 0,18 % $AlO_2$ og Maastricht-flinten 0,1 % $AlO_2$.

## Patinering.

Der findes også flintsten med en rødbrun til gul farve, hvor stenen, længe efter dannelsen, er blevet farvet (patineret) af jernoxid (Okker, $Fe_2O_3$) fra nedsivende grundvand (Fig. 15).
I nogle af de patinerede flintknolde ser man den ydre brune overflade og inde under overfladen en diffus overgang af den rødbrune flint til sort flint.
Det viser, hvorledes det indtrængende vand har afsat jernoxid i sprækkerne mellem de meget små silica krystaller (2 - 30 my).
Patineringen er oftest et overfladefænomen.
Røntgenundersøgelser har påvist en højere jernkoncentration i de patinerede prøver (Appendiks D).
Alle de undersøgte prøver havde en lille smule jern (gennemsnits Fe for Danien 165 ppm og for Maastricht 65 ppm, mens patineret flint har 3762 ppm).
Der er ingen tegn på, at vandet har resulteret i en hydrering af silicaen, dvs. opalisering.

Vang Petersen viser, i sin bog om flint, en sort patineret flintøkse (hans Fig. 8, økse nr. 7) og angiver, at den sorte flint skulle være patineret af svovlforbindelser fra rådden tang.
Det er klart, at dækker den sorte farve kun overfladen og er flinten inden i "almindelig", så er det patinering. Måske er det de sorte humusforbindelser i jorden, som har patineret stenen.

*Fig. 15 - Patineret Danien flint fra Karlstrup. Overfladen er okker farvet af jernoxid (rød pil).*
*Inden i ser man en gradvis overgang mellem den okkerfarvede overflade og den grå flint (blå pil). Det viser, hvorledes okker ($Fe_2O_3$) langsomt er diffunderet ind i flinten. 10 cm bred.*

Det er muligt, at det er en kombination af lerindholdet ($Al_2O_2$) (Appendiks D), samt den lidt større kornstørrelse for Danienflinten, der har en betydning for den grå farve af Danienflinten.
Den sorte farve af Maastrichtflinten skyldes måske derved det mindre lerindhold og den mindre kornstørrelse af flintkrystallerne.

Den mørke flint kaldes blandt arkæologerne "Sort Senonflint". - Senon er en stratigrafisk betegnelse for Maastricht- og Campanien-etagerne, som geologerne ikke bruger mere.
Så betegnelsen "Senon-flint" er ikke særlig meningsfuld.

## Flintknoldenes form.

Flintknoldene kan have mange forskellige former såsom aflange, nærmest rørformede eller knoldede, men den aflange pølse, eller fallosformede, er almindelig, idet flinten har taget form efter gravegange, som vi skal se i det efterfølgende (Fig. 16 og 17).

*Fig. 16 - Flintknold formet rundt om en krebsdyrgravegang. Fallosformet løsblok, Hasselø Falster. 14 cm bred.*

Her en lille historie, som cirkulerer på Geologisk Museum i København. I 1930-erne modtog en af professorerne en pakke med en fallosformet flintsten. I det medsendte brev spurgte afsenderen, hvordan denne sten var

dannet. Professoren kom med en længere forklaring, hvori indgik, at dannelsen var et resultat af "naturens muntre tilfældige spil".
Noget senere modtog professoren en hel kasse med fallosformede flintsten, hvor afsenderen spurgte om disse også var naturens tilfældige muntre spil.
Formen er selvfølgelig ikke helt tilfældig, som vi skal se senere, men et resultat af, at flinten ofte er dannet i forbindelse med gravegange.

*Fig. 17 - Fase 2 - Flintknold formet rundt om en krebsdyrgravegang. Flintdannelsen er vokset ud fra det oprindelige rør (Fase 1). Løsblok fra forfatterens have. 14 cm høj.*

Nogle flintlag er pladeformede, mens andre er meget uregelmæssigt formet. Ofte er flintlagene udviklet som separate knolde, og er ikke en massiv plade.

Det gælder især for Maastrichtflinten, mens Danienflintlagene mest er massive (Fig. 18).

*Fig. 18 - Foto af flintlag i Korsnæb Leddet ved Holtug, Stevns Klint. Den hullede overflade viser at flintdannelsen er startet i kanten af gravegangen og derefter vokset ud i den omliggende kalk.*
*I tværsnit og på overfladen kan man se hvorledes nogle af gravgangene ikke er blevet fyldt helt ud med flint. Flintpladen er ca. 75 x 75 cm og tværsnittet ca. 20 cm tykt.*

# Kapitel 3 - Hvor kommer flintens byggesten silica fra?

De fleste bøger og videnskabelige artikler, der beskriver dannelsen af flint, nævner, at flintens silica stammer fra fossilrester, dvs. fossiler, som har haft et skelet af opal (vandholdig silica). Spørgsmålet er, om det er den eneste kilde for silica.
Forfatteren mener, at der er 3 mulige kilder for silica:

**1 Havvandet.**
**2 Den biologiske kilde.**
**3 Vulkansk aske.**

## Havvandet

Under det varme og fugtige klima i Kridtiden, dannes der bauxit og laterit jord inde på land ved forvitringsprocesser. Disse jordarter er rige på jern og aluminium, men fattige på silicium, sidstnævnte førtes ud i havet som kvartssand og opløst i flodvandet (Fig. 19).
Silicaindholdet i havvandet i Kridt- og Danien-tiderne er ukendt, men antages at have den samme variation som i dag, dvs. højere koncentrationer tæt på flodområder og højere koncentrationer i bundvandet.
Havvand indeholder i dag ca. 2,5 g opløst $SiO_2$ pr. ton vand og i floder op til 10 gange mere (Gyldendal 2015).

Opløseligheden i havvandet af silica falder med faldende temperatur. Derfor vil undermættet overflade havvand, der afkøles og synker til bunds i

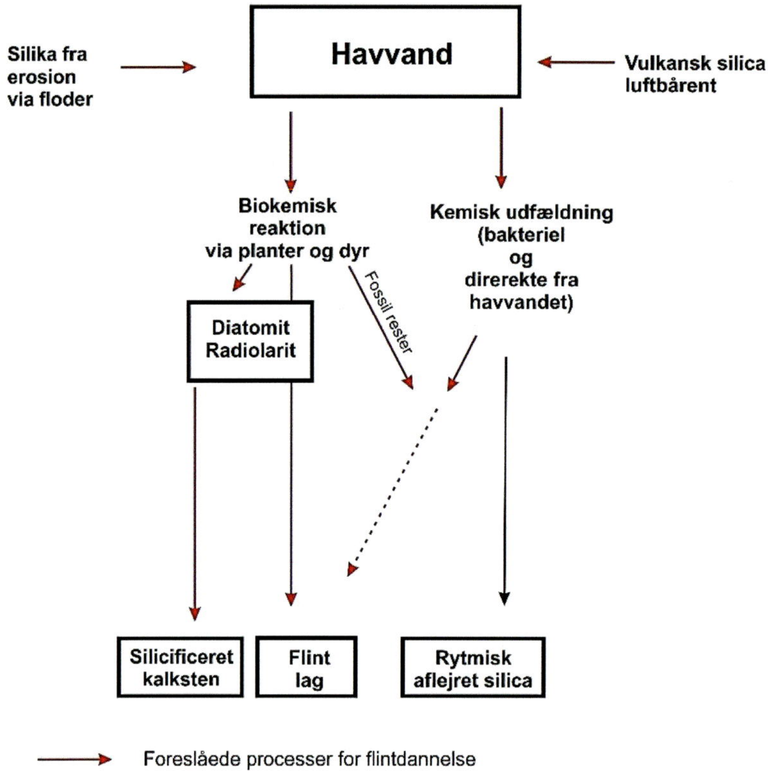


*Fig. 19 - Diagram, der illustrerer oprindelsen for silica, der indgår i forskellige typer af silicasedimenter og flint. Efter Pettijohn (1956).*

oceanet, gradvist få en højere og højere mætningsgrad af silica, indtil det er mættet med silica. I situationer med "upwelling" af koldt bundvand fra det dybe ocean, der trænger ind over shelfen, vil bundvandet være mættet med silica. Det giver mulighed for diffusion ned i sedimentet, fra bundvandet.

Vanddybden i havet omkring Danmark, under Maastricht- og Danientiderne, er estimeret til at variere mellem 200 til 400 m (Surlyk og Lykke-Andersen

2007). Man kender moderne kalkaflejringer med bryozobanker i havet ud for det nordlige Australien, der findes på havdybder mellem 100 og 250 m.

Vi kender lidt til oceanografien i kridttiden, idet der var en havforbindelse mod sydøst til Thetys Havet (Fig. 2C). Seismiske undersøgelser viser, at der må have været en havstrøm fra den retning (Surlyk og Lykke-Andersen 2007).

Hoyaz (2013) kæder flintdannelsen sammen med perioder med ”upwelling”, dvs. perioder, hvor koldt bundvand er vældet op fra dybere dele af havet. Det kolde bundvand har været mættet med silica og derved haft en indflydelse på flintdannelsen.

Men spørgsmålet er, om havstrømmen fra syd ind over Danmark har givet perioder med ”upwelling”. Mere sandsynligt er det, at klimatiske forhold har spillet ind og indvirket på de oceanografiske forhold, og i perioder standset havstrømmen fra sydøst og dermed produktionen af kokkolitter. Det er derfor muligt, at vandet ved havbunden, i det mindste i perioder med ”upwelling”, hvor havstrømmen fra sydøst er stoppet og er blevet afløst af en nordfra kommende havstrøm, havde en højere silicakoncentration sammenlignet med overfladevandet.

En anden mulighed er berigelse af havvandet af silica fra undersøisk hydrotermal (vulkansk) aktivitet, som antydet for jurassisk flint fra Polen (se Kap. 7). Der har ikke været undersøisk vulkansk aktivitet mod syd på den russiske platform, men åbningen af Atlanterhavet, netop på denne tid, kunne give en berigelse af havets vand af silica i havstrømme fra nord.
Denne proces, med en influks direkte fra havvandet af silica, er meget svær at påvise, og må på nuværende tidspunkt anses for at være en hypotese.

## Den biologiske kilde

I sin klassiske lærebog, i kapitlet om siliciumholdige sedimenter, viser Pettijohn (1956) et illustrativt diagram for "herkomst af chert (flint)- og kiselholdige sedimenter" (Fig. 19), hvor han foreslår, at kilden til silica er erosionsprodukter, der føres til havet af floder eller er af vulkansk oprindelse (vulkansk aske, lava osv.).

*Fig. 20 - Scanning-elektronmikroskop fotografi fra Danien-Maastricht Hærdningslaget. Man kan se aftrykket af de opløste havsvampenåle (spongiespikler).*

Det fremgår af hans diagram, at silica ekstraheres fra havvandet gennem biologiske processer, dvs. at organismerne bruger silica til at danne et skelet, som senere, efter at organismen døde og blev begravet, leverede silica til formationsvandet i kalksedimentet. Det begravede og opløste silica blev siden udfældet i kalken, og der blev dannet flintkonkretioner. - Mange data fra dybhavsboreprojektet, har siden bekræftet, at dette er en vigtig proces (Madsen 2009 samt mange andre forfattere).

Madsen og Stemmerik (2010) nævner, at havvandet er undermættet med hensyn til silica, og at silicaskeletterne er ustabile i sådanne omgivelser og vil gå i opløsning.

Men der er rigelig indikation på, at mindst nogle af silicaskeletterne (for eksempel nåle fra havsvampe) blev begravet i sedimentet (Fig. 20). Det antyder, at havvandet ikke nødvendigvis altid var undermættet, eller at aflejringshastigheden var så høj, at nålene blev begravet før, de blev opløst.

Udover spongienåle gav et forhøjet siliciumindhold mulighed for opblomstring af encellede organismer, radiolarier (protister) og diatomeer (kiselalger).

Sedimentationsraten for Maastrichttiden varierer mellem 3 og 15 cm pr. 1000 år eller 0,5 til 1,5 mm pr. 10 år[2]. Det indebærer, at svampenåle placeret ved sediment/vandgrænsefladen kan have været udsat for havvandet i mindst 10 år.

Spørgsmålet er, hvor stor en del af dem overlevede en så lang eksponering, hvis havvandet altid var undermættet.

Normalt siger man, at kvarts består af kiselsyre eller blot kisel, og det opløses normalt ikke i vand, men der findes en porøs og vandholdig variant, opal ($SiO_2$ - $nH_2O$), der ikke er opbygget af krystaller. Opal kan opløses i vand med reducerede forhold (anoxisk).

[2] Disse estimater er baseret på flere forskere og egne beregninger for Nordsøboringerne. Stevns Klint har en sedimentations rate i Maastricht i den høje ende.

Havsvampene, radiolarierne og diatomeernes skeletter består netop af opal. Efter de døde og deres skeletrester blev begravet, blev deres skeletter opløst nede i den anoxiske zone.

Opal findes herefter opløst i kalkens formationsvand.

## Vulkansk aske

En tredje mulig kilde er vulkansk aske. I slutningen af Kridt- og Danien Etagerne sker der noget drastisk i Nordeuropa. Vi skal huske, at Grønland og Amerika på det tidspunkt hang sammen.

For 65 millioner år siden dannedes der en "rift" mellem de to kontinenter, de splittede fra hinanden og flød derefter i hver sin retning. Nordatlanten blev derved dannet i den nye riftdal (Fig. 9).

Sådan et pladetektonisk event betyder øget vulkansk aktivitet, som man har fundet rester af på Grønland og Shetlandsøerne. Vulkanismen foregår stadig blandt andet på Island. Vulkanerne spyede en masse aske op i atmosfæren, der spredtes ud over de omliggende kontinenter og havområder.

Vi finder adskillige mergellag i kalken fra Danien Etagen både på land og ude i Nordsøen (Fig. 21). Mineralogiske undersøgelser har påvist, at merglen er omdannet vulkansk aske. Askelagene er dannet under perioder med stor vulkansk aktivitet.

Efter asken var aflejret på havbunden, skete der en langsom omdannelse af asken til ler (montmorillonit - ($Al_2[(OH)_2/Si_4O_{10}]\cdot nH_2O$) ).

I den proces frigøres der silica, som siden indgår i flinten (Simonsen og Toft 2006).

*Fig. 21 - Karlstrup kalkstensbrud 30 km syd for København. Mergellaget ligger 10 m over Danian - Maastricht grænsen. Lige under merglen ligger et flintlag.*

*Forfatterens foto 2016.*

## En flintdannelses model

Vi kender endeproduktet, flint, på basis af analyser og observationer, men vi kender ikke processen fra udgangspunktet til det endelige produkt, flint. Følgende er forfatterens forslag til en flintdannelses model på basis af Claytons (1983) og Madsens (2009) foreslåede modeller:

På aflejringstidspunktet indeholdt kalken organisk materiale (Fig. 22), der stammede fra kokkolitternes bløddele. Efter aflejringen blev det organiske materiale nedbrudt af aerobe bakterier, i de øverste 20 til 50 cm af sedimentet, idet bakterierne brugte af den tilstedeværende ilt.

Under den oxiske zone overtager sulfatreducerende bakterier arbejdet med nedbrydningen af det organiske materiale. I denne proces dannes svovlbrinte ($H_2S$), som diffunderer op mod grænsen mellem den oxiske- og anoxsiske zone i sin væskeform $HS^-$. Ved denne grænse omdanner sulfidoxiderende bakterier svovlbrinten, så der opstår et surt miljø. Man kalder denne grænse svovlbrintefronten.

Biogen opal, i den anoxiske zone (svampespikler, diatomeskeletter osv.), opløses i porevand, undermættet med hensyn til amorf silica (Clayton 1983). Porevandet bliver derefter stærkt mættet med krystallinsk silica (opal-CT). Denne opløsning er kun metastabil, og silica udfældes som en gel ved den oxiske/anoxiske grænse (30 til 50 cm nede i sedimentet, svovlbrintefronten).

Såfremt sedimentationen af kalk stopper, vokser dette lag af silicagel, og bliver siden til ”protoflint” (se efterfølgende eksempler). Gel-dannelsen startede der, hvor der var silica skeletrester tæt på svovlbrintefronten, som fungerede som krystalkim.

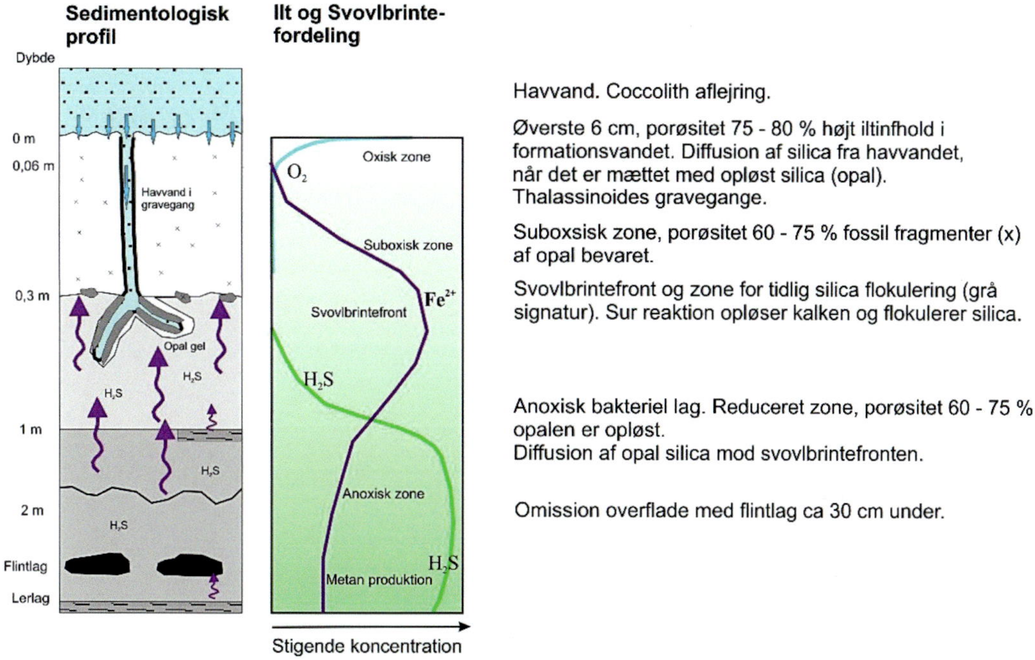


*Fig. 22 – Sedimentologisk profil i kridthavet med den antagede ilt og svovlbrinte fordeling. Profilet er baseret på forholdene i recente sedimenter (DMU 2002) samt offentliggjorte data, så som Clayton (1983), Thomsen (2000) og Madsen og Stemmerik (2010). Bemærk dybdeskalaen er ikke lineær.*

På det tidspunkt, hvor kokkolitterne blev aflejret, var sedimentet oprindelig en "suppe", med en porøsitet på 50 til 70%. Nedenunder denne sedimentsuppe, på 3 - 4 cm, blev sedimentet kompakteret (Håkansson et al. 1974). Der var således ingen begrænsning i sedimentets øverste 3 til 4 cm, med hensyn til kontakt med havvandet og iltning.

Gravegange (Thalssinoides-type) skabte dog en mere effektiv kontakt, mellem det anoxiske lag og havvandet (Fig. 23). Dette kan have givet en yderligere forsyning med silica, direkte fra havvandet, især i perioder med ”upwelling”, med havvand overmættet med silica.

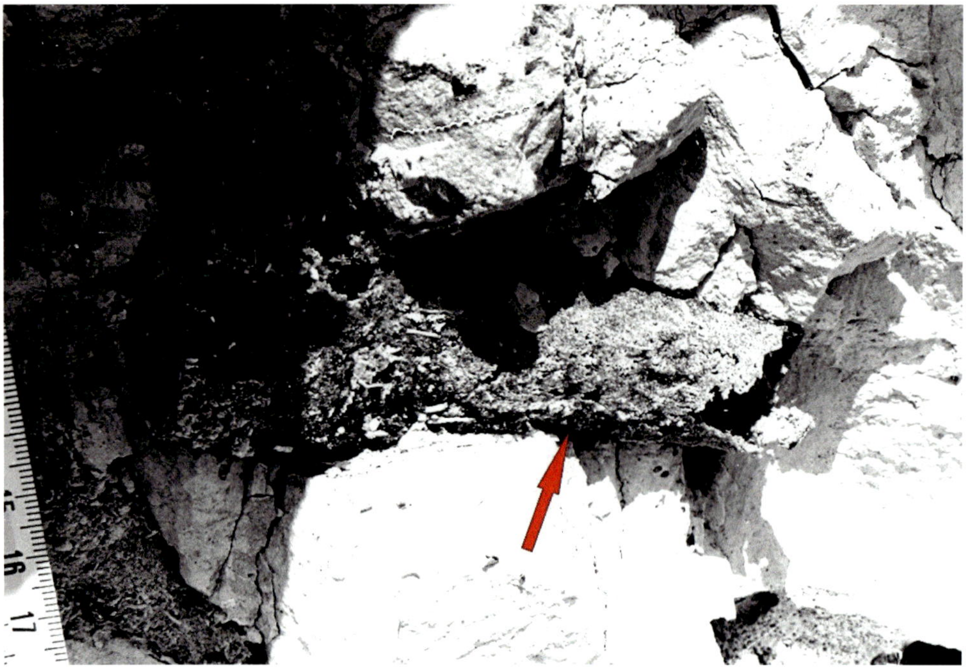

*Fig. 23 - Foto af flintrør i gravegang i Danien-Maastricht hærdningslaget ved Rødvig, Stevns Klint. Fase 1 i flintdannelsen. Den røde pil viser kanten af flintrøret.*

Gelen hærdnede relativt hurtigt til opal (”protoflint”) (se Appendiks E). Selve gravegangen blev først silicificeret, efter den var blevet fyldt op med kalksediment (Fig. 18).

Dannelsen af opal fortsatte efter aflejringen af kalken, med silica (Simonsen og Toft, 2006), der kommer fra den vulkanske aske. Asken blev langsomt omdannet til ler og fri silica (mikrokvarts). Dette er specielt tilfældet for kalken af Danien alder.
Omdannelsen af opal til α-kvarts er en langvarig proces som først startede efter flinten var blevet begravet og, som måske stadig er i gang.

## Et eksempel - Grænsen mellem Sigerslev- og Højerup Leddene

Det fremtrædende flintlag, ca. 30 cm under grænsen, mellem Sigerslev- og Højerup Leddene på Stevns Klint, udgør muligvis et godt eksempel på ovenstående beskrevne proces (Fig. 4, 6 og 7).
Dette flintlag har en knudret og robust form og ser ud til at have taget formen efter hullerne af gravegange (for det meste Thalassinoides type).

I kalken, under flintlaget, kan vi observere Thalassinoides-gravegange, der er skåret af Zoophycos-gravegange (Fig. 5), hvilket antyder, at Thalassinoides-gangene blev fyldt med sediment kort efter, at de blev gravet. Det betyder, at forbindelsen til havvandet var reduceret.
I sedimentet mellem flintlaget og det overliggende hærdningslag findes kun Thalassinoides gravegange (Fig. 6). Det viser et ændret aflejringsmiljø. De sidstnævnte gravegange har i en periode stået åbne og sørget for kontinuert tilgang af havvand (se Appendiks A, Fig. A6 for et moderne eksempel).

Svovlbrintefronten har ligget dèr, hvor flintlaget nu ligger. Da der har været et stop i sedimentationen, har svovlbrintefronten ligget stabilt på det samme sted, i en lang periode, og det har betydet en ophobning af silicagel.

I den nedre del af Sigerslev Leddet, ved udkanten af Højerup, er der to flintlag, hvor der ikke er et hærdningslag eller en gravegangshorisont oven over flinten. Formen på de nederste flintlag viser tydeligt, at silicificeringen fandt sted omkring gravegange af Thalassinoides-typen. Det er muligt, der har været et kort stop i sedimentationen over flinten, men da der ikke er nogen farveforskel i kridtet, er det svært at påvise. Manglen på et hærdningslag og en farvevariation antyder, at der kun var et meget kort sedimentationsstop.

I den sydlige ende af Stevns Klint, ved Rødvig, ligger hærdningslaget, mellem Maastricht- og Danienlagene, ved havniveauet. På dette sted finder man, at fyldet af bryozokalk, i nogen af gravgangene, ikke er blevet hærdnet. Gravegangene fremstår i dag som åbne huller. Nogle af dem er foret af flint, som er udviklet som rør (Fig. 23).
Dette eksempel demonstrerer muligvis det første trin i dannelsen af et flintlag, efter at silicagelen var blevet solid.
Ved Rødvig stoppede opaldannelsen af ukendte årsager.

Efter denne første flintdannelse i kanten af gravegangen voksede opalen ud over gravegangen og ind i den omliggende kalk. Først da gravegangen var fyldt op med sediment, blev den indre del af gravegangene silicificeret (Fig. 18),

Flintlagene i Korsnæb Leddet er generelt massive og meget hyppigere, sammenlignet med flintlagene i Maastricht (Fig. 4 og 18). De er tydeligvis også dannet omkring Thalassinoides gravegange.

Bryozokalksten er en packstone, der havde en højere permeabilitet end Maastrichtkalken, måske helt op til 100 gange mere (Tabel 1). Det betyder muligvis, at den oxiske zone har været lidt tykkere, idet ilten har kunnet nå dybere ned i sedimentet.

Flintlagene i Sigerslev Leddet kan følges langs hele klinten, i alt 10 km. Lagene i Højerup Leddet kan ikke umiddelbart korreleres fra banke til banke, men der er generelt 2 flintlag i hver banke, og det er muligt, de er dannet samtidig således, at det øverste flintlag i hver banke er samtidig og tilsvarende for de nederste flintlag.

## Et andet eksempel - Nordsøen

Forfatteren har undersøgt kalksektionen i to Tyra Felt brønde (E-1x og E-4, Fig. 24) og fire Dan Felt-brønde (M-1x, M-2x, MD-1 og ME-1, Fig. 25) i den danske Nordsø. Disse boringer har borekerner, dvs. at det er muligt at undersøge flintlagene og sammenligne med Stevns og andre blotninger af kalk på land. En borekerne er en prop på 10 m længde og en diameter på ca. 20 cm, der er udboret med en speciel borekrone. De normale borekroner kværner formationen op i små fragmenter, som er uegnede til detaljerede sedimentologiske studier.
En sammenligning mellem de to områder er vanskelig på grund af den begrænsede tykkelse af kernerne (20 cm), og at brøndene ligger flere kilometer fra hinanden. Det er derfor vanskeligt nøjagtigt at demonstrere den laterale fordeling og korrelation af flintlagene (Fig. 25).

## Kerne analyser

Fordelen ved at kikke på Nordsøkernerne er, at der er lavet en del analyser (sedimentologisk beskrivelse, porøsitet, permeabilitet, lerindhold i kalken etc.), der giver et mere detaljeret billede af Maastricht- og Danienkalkens fysiske egenskaber (Fig. 25) (Kunzendorf et al. 1986). Derved kan man også få en ide om kalkens egenskaber på tidspunktet for dannelsen af flinten (Tabel 1).

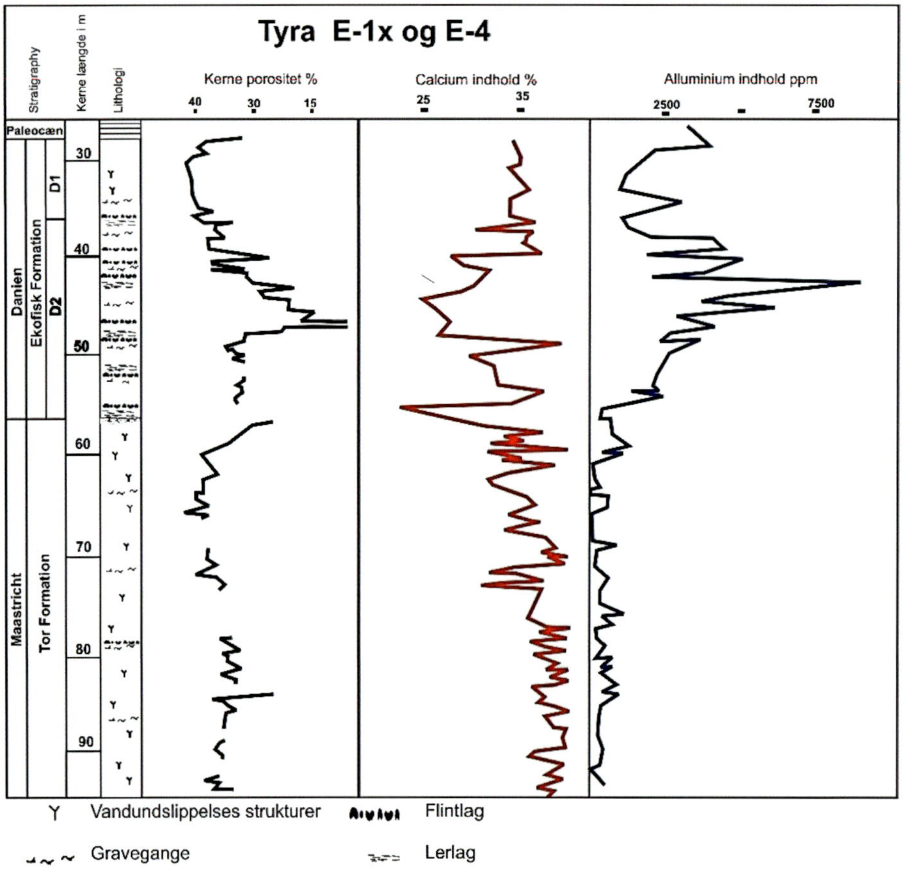


*Fig. 24 - Boreprofil med kernetagning over Ekofisk Formationen (Danien) og den øverste del af Tor Formationen (Maastricht) sammensat fra to Tyra boringer, E-1x og E-4. Modificeret fra Kunzendorf et al. 1986. E-1 og E-4 ligger ca. 3 km fra hinanden. Aluminiumsindholdet er ækvivalent med ler indholdet i kalken. Maastrichtkalken har i gennemsnit 3% ler, mens Danien kalken har over 10 gange så meget ler (Aluminium).*

Desværre er der ikke systematisk lavet tilsvarende undersøgelser (bortset fra sedimentologiske beskrivelser) på kalken fra Stevns, Møn og andre blotninger på land. Forfatteren har dog lavet nogle porøsitetsanalyser på Maastrichtkalken på Stevns Klint (ikke vist her) og nogle analyser af lerindholdet (syrerest) i Danien- og Maastricht - kalken på Stevns Klint, Nye Kløv i Jylland samt Karlstrup kalkgrav ved København (Kunzendorf et al. 1986). - Disse sidstnævnte analyser understøtter analyserne fra Nordsøen.

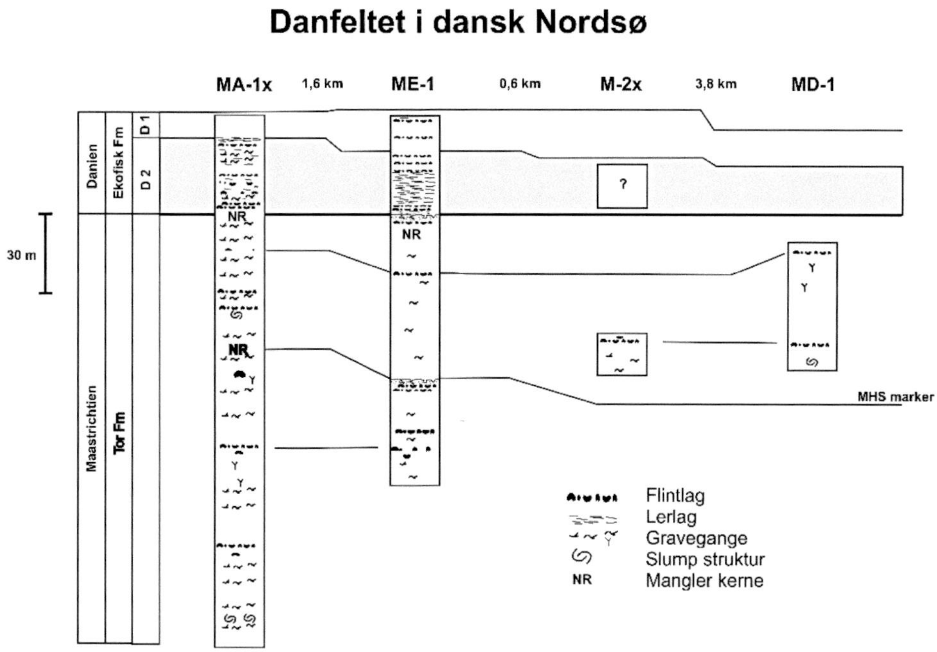


*Fig. 25 - Danfelt boringer med kerne i kalksektionen. Firkanterne med sedimentstrukturerne markerer sektionerne med kerner.*

## Udseende

En anden fordel, ved at kigge på kernerne, er, at flinten er skåret igennem af borekronen. Man får derfor et bedre indblik i silicificeringen af kalken. Flintlagene i kernematerialet er sorte til grå hvide og plettet af de originale sedimentære strukturer på samme måde, som man kan se i blotningerne af kalk på land (eks Stevns). - Hvis vi bruger definitionen fra Madsen og Stemmerik (2010), er flinten porcellanit eller flint med en sort kerne. Maastricht- og Danienflinten i Nordsøen har ingen farveforskel. Inde på land er Danienflinten overvejende grå sammenlignet med den mere sorte flint fra Maastricht (Reinicke, 2012).

## Lerlag

Der findes også mergellag i Nordsøkernerne (Fig. 8), og ovenikøbet et på grænsen mellem Danien- og Maastricht-lagene. Laget er dog ikke tidsækvivalent med Fiskeleret, men lidt yngre.
Generelt indeholder Danien meget mere ler end Maastricht, helt op til 10 gange så meget i den ældste del af Danien (Fig. 24).
Mikroskopiundersøgelser har afsløret, at leret er omdannet vulkansk aske (Simonsen og Toft 2006). Asken er endda ikke alle steder helt omdannet.

## Hyppigheden af flintlagene.

Flintlagene i Sigerslev Leddet kan følges langs hele klinten, i alt 10 km. Der er rapporter om nogle flintlag i England, der strækker sig over en afstand af mindst 100 km. Det betyder at forholdene for flintdannelsen øjensynligt har strakt sig over store områder, med arealer af 100 til 10.000 km$^2$. Flint lagene i Højeruplaget og Korsnæb Leddet kan ikke umiddelbart korreleres fra bryozobanke til den næste bryozobanke, men hvert flintlag repræsenterer formodentlig perioder med udbredt flintdannelse.

Flintlagene på Stevns Klint i Korsnæb Leddet ligger med et interval på ca. 1 meter mens Maastrichtflintlagene ligger med 2 meters intervaller.
Flintlagene i Maastricht kalken på Møn ligger med et interval på lidt over en meter.
Sammenlignet med kalken på land er antallet af flintlag i Nordsøens kalk markant lavere. Derude er der ca. 20 meter mellem Maastricht flintlagene og 3 til 10 meter mellem Danien flintlagene. Antallet af flintlag i Dan- og Tyra-felternes kerner (Nordsøen) er markant lavere sammenlignet med kalkprofilerne ved Stevns og andre steder, såsom Møn og Københavns-området.
Antallet af flintlag i Danien er højere alle steder sammenlignet med Maastricht (tabel 2).

**Tabel 2 Flintlagfrekvens**

| | Dan Feltet | Tyra Feltet | Stevns Klint | Møns Klint |
|---|---|---|---|---|
| Danien | 6,7 | 3,3 | 1 | |
| Maastricht | 11 | 33 | 2 | 1,2 |

Frekvensen er angivet i den gennemsnitlige afstand i meter mellem flintlagene (se også Fig. 26). Dataene fra Møn (kun Maastricht) er baseret på Håkansson et al (1974), Stevns på Svendsen (1975) og Nordsøen efter egen optælling.

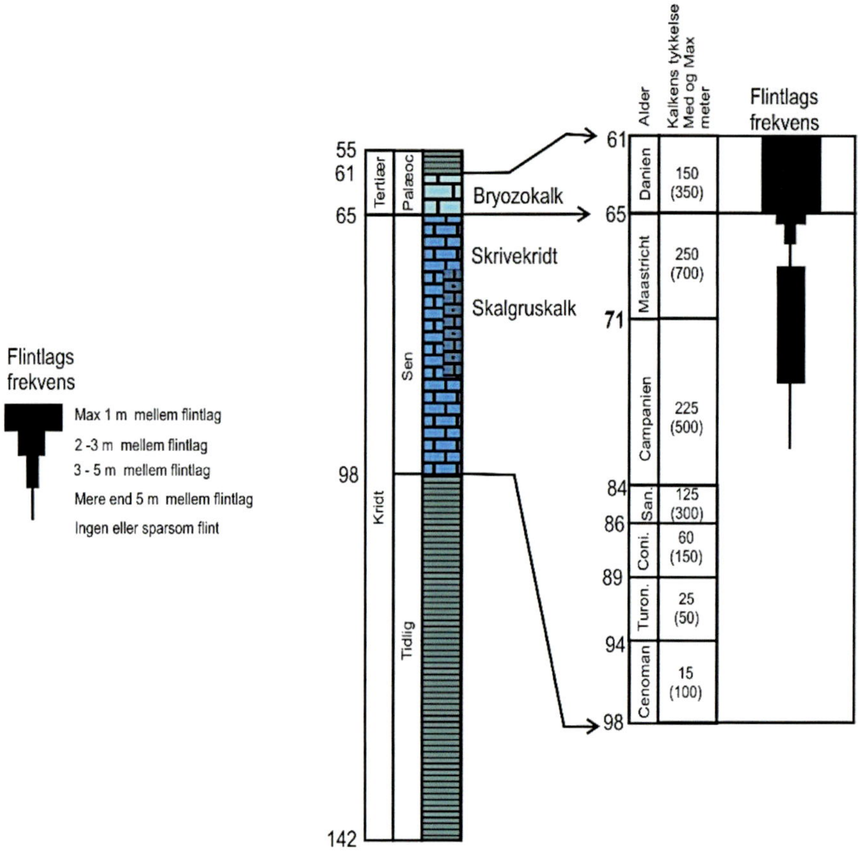


*Fig. 26 - Flintlagsfrekvens (modificeret efter Thomsen 2000). Man ser tydeligt, at flintlagene er mere hyppige i Danien.*

Den lavere frekvens af flintlag i kalken, ude i Nordsøen, kan delvist være forårsaget af, at kun de mest massive flintlag er fundet i borekernerne. - En boring kan let gå glip af et flintlag, der kun består af spredte flintknolde, ved at bore mellem knoldene. Derudover er kalken i den nedre del af Danien i Nordsøen silicificeret og hård, dvs. silicaen ikke har materialiseret sig i form af flintlag, men mere som kalken ved Mariager, der indeholder 40 % silica i form af lepisphærer.

## Diagenese

De fleste data tyder på, at flinten ikke er af sedimentær oprindelse, men er diagenetisk[3], dvs. dannet efter kalken var aflejret, selvom flintdannelse begyndte kort efter sedimentet var aflejret.
Det er heller ikke klart, hvornår opal-gelen omdannedes til flint ($\alpha$ kvarts). Hoyàs (2013) viser et eksempel fra Etretat, i Nordfrankrig, med flintknolde i en breccieret zone (Fig. 37). Den breccierede (opsprækkede) zone er dannet kort efter kalkens aflejring, i forbindelse med slumping, og flinten er brudt i stykker, hvad der viser, at den var blevet solid. Tilsvarende viser Stenestad (1976, hans Figur 22) et billede af et flintlag fra Københavnskalken i Københavns området, hvor flinten er opsprækket, og hvor sprækkerne ikke er tektonisk induceret men udfyldt med kalk.
Dvs. at flinten tidligt har hærdnet og er sprækket (Appendiks E).

Da man udgravede Københavns sydhavn i perioden 1920 til 1924 observerede geologen professor Alfred Rosenkrantz udgravningerne og beskrev konglomeratet mellem kalken fra Danien og den overliggende Palæocæne mergel (Selandien). Konglomeratet viser, at kontakten mellem de to formationer er en erosions diskordans[4].

---

3 Diagenese er fysiske, kemiske og biologiske forandringer, der sker i sedimenter efter aflejringen ved påvirkning af de temperatur- og trykforhold, som hersker i den yderste del af jordskorpen.

4 En diskordans er en afbrydelse af sedimentation, og en erosionsdiskordans er en afbrydelse af sedimentation efterfulgt af erosion før sedimentationen fortsatte.

I udgravningerne ved Larsens plads fandt Rosenkrantz (1924) at grænsen mellem kalken og merglen var meget skarp, og at den øverste del af kalken var et flintlag. Flintlaget havde stoppet erosionen, dvs. at flinten må have været hård på tidspunktet for dannelsen af erosions diskordansen mellem kalken og merglen. Det betyder, at flinten var hård allerede i Danientiden.

Claytons flintdannelsesmodel giver os en forklaring på tilstedeværelsen af de flintlag, vi observerer i kalken. Vi kender ende resultatet, men ikke alle processer fra "protoflinten" (gelen) til flinten af i dag, der består af $\alpha$ kvarts. Spørgsmålet er, om transformeringen til $\alpha$ kvarts er sket tidligt eller først længe efter, at kalken blev begravet af yngre sedimenter.
Dette spørgsmål er mest aktuelt for flintdannelserne i øst Danmark, hvor flinten og kalken ikke har været begravet særlig dybt af yngre sedimenter, højst 250 m i løbet af Tertiærtiden, og hvis vi inkluderer Kvartærtiden måske yderligere 450 m (vægten af en 2000 m tyk gletsjer).
Man har fundet rester af et flintkonglomerat i Jylland, i de glaciale sedimenter. Flintknoldene er kittet sammen af sandsten. Sandstenen indeholder plantefossiler fra den seneste del af Miocæntiden. Det vil sige flinten var dannet og hård i slutningen af Miocæntiden, før istiden.

Eksemplerne fra Etretat og København med, intraformationel sprækket flint, viser, at flinten tidligt var solid.
Kalken i Nordfrankrig har været begravet i Tertiærtiden og udsat for alpin foldning, det er derfor svært at sammenligne med øst Danmark.
Omdannelsen af opal til $\alpha$ kvarts kræver aktiverings energi og tid. Lav temperatur: lang tid. Høj temperatur: kort tid. Med den kendte geotermiske gradient og viden om Tertiærtidens temperatur-udvikling har kalken i Østdanmark ikke været udsat for højere temperatur end 25 g C.
Omdannelsen til $\alpha$ kvarts er derfor sket i løbet af Tertiærtiden. Opalen må derfor have været solid tidligt, ligesom i Nordfrankrig, og have replaceret

kalken, før den blev begravet.

I de tidligere flintdannelsesmodeller (Shepard 1972) er det blevet foreslået, at flintlagene er dannet længe efter, at kalken var aflejret. Det forklarer blot ikke, hvorfor flintlagene ligger, som de gør, hvorfor de er dannet i forbindelse med gravegange samt hvorfor Danienflinten er meget massiv i forhold til Maastricht Flinten.
De flintlag, der ligger tæt på slutningen af Danientiden, er opalen hærdnet indenfor et tidsinterval på mindre end 500.000 år, højst sandsynligt meget mindre (se Appendiks E).
De tre eksempler (Hoyas 2013, Stenestad 1976 og Rosenkrantz 1924) antyder, at silica-gelen blev hærdnet meget tidligt til opal.

I Arnagerkalken på Bornholm, og i Danienaflejringerne ved Mariager, er der ikke flintlag, men silicaen findes spredt i kalken i form af lepisphærer, dvs. mikroskopiske kugler af silica (Opal-CT), ca. 5 my i diameter.

I det mellemste Danien ved Mariager, i Jylland, udgør opal-CT lepishærerne 40 % af kalken. Kalken er relativ homogen, og noget tyder på, at sedimentationen har været kontinuert, uden afbrydelser, således at dannelsen af silica gelen, og derfor flintlagene, ikke har kunne finde sted, som tidligere skitseret. Hvis vi omskriver flintlagene i Maastrichtkalken til silica indhold på basis af Tabel 2 udgør silica indholdet i Maastricht- kalken ved Stevns Klint til sammenligning omkring 5%.

Lepisphærerne er dannet ved en temperatur på 17° C (Arnagerkalken), hvad der betyder, at de først er dannet senere, efter at kalken var blevet begravet ned til en dybde på måske 250 m.

## Sammenfatning

Hvis vi opsummerer, er flinten i Nordeuropa et produkt af mange faktorer:

- Silicaen har mindst 3 kilder: diffusion direkte fra havvandet, begravede silica skeletrester og vulkansk aske.

- Flintlagene i Maastricht er muligvis relateret til, at en dominerende havstrøm fra sydøst i Kridttidens hav, i perioder er blevet afbrudt, hvad der nedsatte kokkolit- produktionen og derfor kalksedimentationsraten. Der blev dannet en gravegangs horisont/hærdningslag. Derved lå svovlbrintehorisonten fastlåst og silicagelen blev dannet og kunne vokse. - Måske er disse perioder forårsaget af klimaskift, relateret til vulkansk aktivitet i Syd Atlanten, der blev dannet ved adskillelsen af Sydamerika og Afrika, i begyndelsen af kridttiden. I disse kolde perioder blev koldt bundvand, beriget med silica, ført ind i Nordeuropas kridttidshav.

- Silicaen i Maastrichtkalken stammer overvejende fra silica skeletrester og diffusion fra havvandet.

- I Danien er det de samme processer samt vulkanismen, nu fra åbningen af Nordatlanten, der spiller ind. Den øgede vulkanisme førte store mængder vulkansk aske ind over Danmark og Nordsøen, fra det nyligt dannede nordlige Atlanterhav. Herved øgedes mængden af silica i kalken og havvandet i denne periode, som fremmede silicificeringren af kalken, dannelsen af flintlagene og deres senere vækst.

- Omdannelsen af den tidligt hærdnede opal til α kvarts er en proces, der er foregået efter kalken blev begravet og over en periode, der strakte sig langt ind i Tertiærtiden. Måske afspejler variationen mellem hvid og sort flint denne proces, som antydet af Madsen (2009). Det betyder, at omdannelsen stadig finder sted.

# Kapitel 4 – Flinttyper

Paramoudra flint (tøndeflint)

I kalken fra Campanien og Maastrichtien, finder man nogle underlige tøndeformede flintknuder (Fig. 27). De er typisk 30 til 40 cm i diameter og

*Fig. 27 - Paramoudra-flint også kaldet tøndeflint (Evelyn Semak).*

60 til 80 cm høje. Væggene er 10 til 15 cm tykke. De er bedst kendt fra England, men er også observeret i Danmark, blandt andet ved Hanstholm, dog i mindre størrelse. Disse "tønder" er forkislede gravegange. Man har navngivet dem som Batichnus paramoudrae, der betyder sådan noget som "havets pære" på gælisk. Man finder ofte flere tønder oven på hinanden, så de udgør et flere meter højt rør. Man ved ikke hvilket dyr, der har lavet disse gravegange. - Ifølge de forskellige forslag til dannelsen af paramoudra blev "tønden" dannet langs en vertikal gravegang, flere meter dyb, som bøjede svovlbrintefronten nedad, rundt omkring gangen (Thomsen 2000). Derved blev flintdannelsen fokuseret omkring gravegangen (Fig. 27). Faktum er dog, at man ikke ved hvilket dyr, der lavede gravegangen, og heller ikke om tønderne blev lavet samtidigt, oven på hinanden eller sekventielt. Det er muligt, at paramoudra gravegangen har været flere meter dyb, men det betyder ikke, at de almindelige flintlag er blevet dannet nede i flere meters dybde. Som beskrevet tidligere, er starten på flintdannelsen af de almindelige flintlag foregået i 30 til 50 cm dybde under havbunden.

## Silicificerede fossiler

Man finder ofte enkelte fossiler, der er silificeret og udgør en flintknold i sig selv. Mest kendt er nok udfyldninger af søpindsvin (Echinochorys). Søpindsvinene er fra 2 til 5 cm i diameter. Dengang de levede, dækkede skallen et hulrum, der indeholdt bløddelene. Da dyret døde, gik bløddelene i forrådnelse og hulrummet blev fyldt med kalksediment. Derved skabtes en "mini" havbund med en svovlbrinte zone langs skallen, hvor det rådnede, organiske materiale befandt sig. Fossilet var nu fokus for dannelse af silicagel, og hulrummet udfyldtes langsomt af flint. - Det vi finder, er et aftryk i flint af hulrummet, inde i fossilet, sommetider med skallen stadig bevaret.

Et andet eksempel er kugleformet flint, som ikke er dannet i strandkanten, men er aftryk af en type spongie (havsvamp). Den kaldes Plinthosella resonans. Den er hul inden i.
Kiselnålene i skelettet har fungeret som fokus for flintdannelse. De kendes specielt fra Møen.
Det er ikke klart, om disse silificerede fossiler findes tilfældigt i kalken eller ligger i forbindelse med et flintlag, og derved har befundet sig i svovlbrintefronten.

Sprækkeflint

Man finder flintknolde, der er pladeformede og tydeligvis dannet i forbindelse med sprækker i kalken. Sprækker er normalt dannet længe efter en bjergart er dannet, i dette tilfælde kalken. Sprækkeflint er derfor dannet, efter kalken blev begravet af yngre sedimenter. Da sprækken åbnedes, må formationsvand, beriget med silica, have sivet ind i sprækken, og der er dannet flint (Fig. 13).

Pladeflint er almindelig i dybhavskalk fra juratiden, og findes i Middelhavsområdet, Grækenland og Albanien. Disse flade flintlag er ikke dannet i forbindelse med sprækker, men følger laggrænserne, og er måske dannet på samme måde, der er beskrevet for Danien- og Maastrichtflinten. De er ikke dannet i forbindelse med gravegange, som ikke findes i disse lag.

Stribet flint

Man finder af og til stribet flint, som, ifølge Vang Petersen (2007), er mest hyppig på Falster (Fig. 28), og derfor må være Maastrichtflint. Flinten optræder med hvide og mørke striber, som måske kan være variation mellem opal og $\alpha$-kvarts. Det ligner den stribede jurassiske Krzemionki flint (Fig. 29).

Spørgsmålet er, hvorledes stribningen blev dannet. En mulig forklaring er, at det er liesegang ringe.

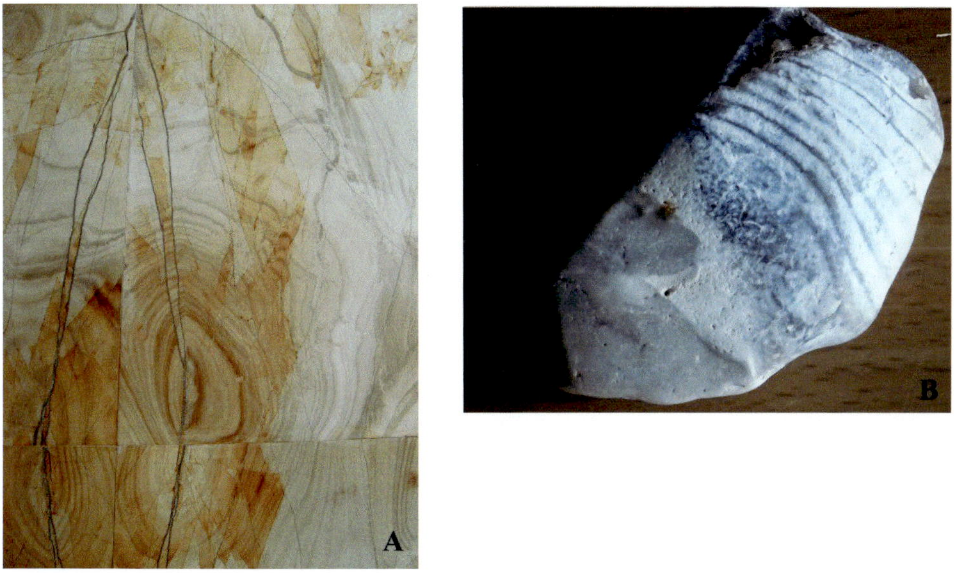


*Fig 28 – Liesegangringe i marmor (A): Væsken med jernoxid er sivet i sprækker i kalken og har dannet liesegangringe. Flint med liesegangringe (B). Sydfyn.*

Liesegang[5] ringe er et kemisk fænomen, hvor et salt diffunderer gennem en gel, eller en tæt formation og danner koncentriske ringe. Et eksempel er jernoxid opløst i grundvand. Når opløsningen siver gennem sprækker i en tæt formation, udkrystalliseres saltet i koncentriske ringe, hvor hver anden ring har en høj saltkoncentration og efterfølgende ring mindre saltkoncentration (Fig. 28A).

---

5 Den tyske kemiker R. Liesegang observerede liesegang ringe første gang i 1896 og publicerede observationen i 1907.

Spørgsmålet er om den båndede flint er opstået ved en liesegang proces, mens flinten stadig var en gel. I dette tilfælde er det diffundering af silica ind i silicagelen, og der er så opstået lyse bånd af opal (højere $H_2O$ koncentration) og mørke bånd af $\alpha$-kvarts (højere silica koncentration) (Fig. 28B og 29).

Vang Petersen (2007) viser et stykke Falster Flint (hans Fig. 7, nr. 2), hvor de hvide opalstriber viser en diffus ydre kant og en skarp indre kant, mod centrum af stenen, og mod den næste opalstribe. Stribernes tykkelse øges ind mod centrum af stenen og bliver mere diffus.
Det kunne tyde på diffusion af silica, ude fra kanten af stenen, ind mod centrum af flintestenen.

Liesegang ringe af jernoxid ses ofte i tætte (lav permeable) formationer af kalk/marmor (Fig. 28A) eller sandsten, hvor grundvand er sivet gennem formationen, og hvor jernoxiden er udfældet med varierende koncentration i ringe. Det er en proces, der forekommer lang tid efter dannelsen af de tætte bjergarter. Et nydeligt eksempel kan ses på Nationalmuseet i København, i Stenaldersamlingen. I montren med flintøkser ligger også en stor ubehandlet flintblok med liesegang ringe af okker.

Vi ved ikke præcis, hvorledes liesegang processen virker og om Båndet flint er dannet ved en liesegang proces. Der er ikke foretaget nogen moderne videnskabelige analyser, som bringer os nærmere en forklaring, men det er en mulighed.
Der er heller ikke lavet en systematisk indsamling af stribet flint i Danmark, hvad der besværliggør en bedre forståelse af dannelsen og forekomsten af stribet flint. Båndet flint forekommer også andre steder end på Falster. Madsen (2009) viser flint med liesegang ringe fra Stevns Klint.

*Fig. 29 - Krzemionki flint fra Polen (Wikipedia).*

# Kapitel 5 - Flint, som man finder i naturen

## Istidslagenes indhold af flint

Det danske landskab blev dannet under den sidste istid. De store gletsjere gled hen over Danmark. Gletsjerne kom fra Norge og Sverige, hvor de bragte en masse sten, grus, ler og sand med sig, indefrosset i isen. Da gletsjerne smeltede, aflejredes det indefrosne materiale i Danmark. Dette materiale kalder man moræneaflejringer, og det består af en blanding af sten, grus, sand og ler.

Nogle af stenene er let genkendelige, og man kan fastslå, hvor de kommer fra, idet man kender de steder, hvor de findes som faststående klipper. Man kalder disse sten ledeblokke, idet de giver en indikation på isens bevægelsesretning.

Kortet (Fig. 30) viser nogle af de almindelige ledeblokkes oprindelsesområder og dermed også isens bevægelsesretning, angivet ved pilene. Under transporten sker der en vis spredning af blokkene.

Flint er en almindelig forekommende sten i istidens lag, i Danmark og Nordtyskland, og kan også bruges som en lokal ledeblok. I Tyskland bruger man tilstedeværelsen af flint til at markere udbredelsen af istidens gletsjere (Fig. 31). Umiddelbart bekræfter de forskellige "flint ledeblokke" de generelle isstrømsretninger.

Leder man efter flint på Bornholm, skal man lede længe. Den findes, men ikke nær så udbredt, som for eksempel på Sjælland, og kun som små knolde. Stenalderens mennesker brugte flinten til at lave økser af. Arkæologerne har noteret sig, at man finder flintøkser i stenaldergravene på Bornholm. Flinten til flintøkserne må derfor være importeret.

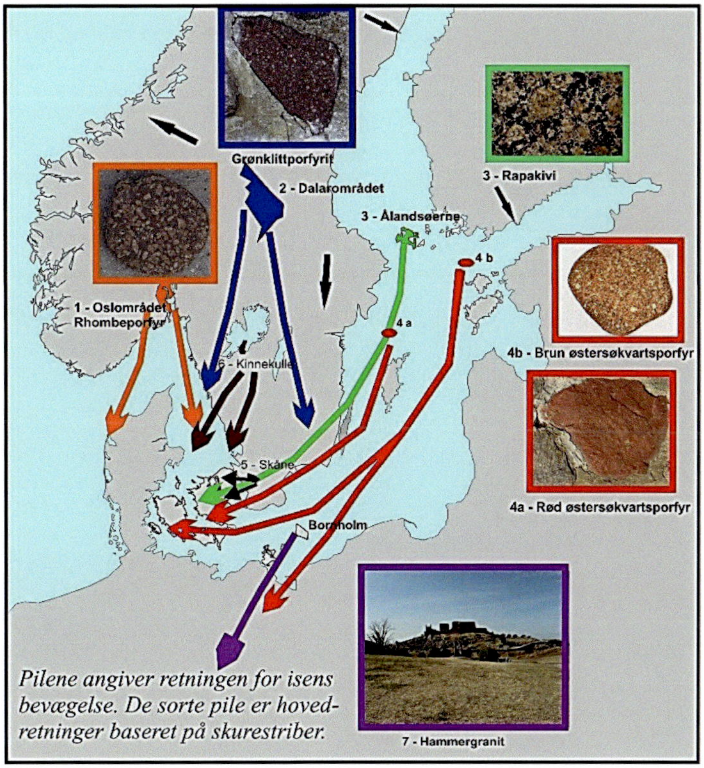


*Fig. 30 - Isens bevægelse og ledeblokke fra Weichel Istiden.*

Bortset fra enkelte boringer ude i Nordsøen, nær den jyske vestkyst, indeholder de kvartære aflejringer i Nordsøen ikke flint. Den nuværende udbredelse af flint afspejler, hvor kalken ligger oppe ved overfladen, under istidslagene, og er blevet eroderet af gletsjerne, der har ført flinten med af isen syd og vest på (Fig. 32).

Der findes forskellige flinttyper, som i begrænset omfang kan bruges som ledeblokke, såsom Kristianstadsflint fra Sverige, Flintholmkalk fra Fyn og båndet Falsterflint.

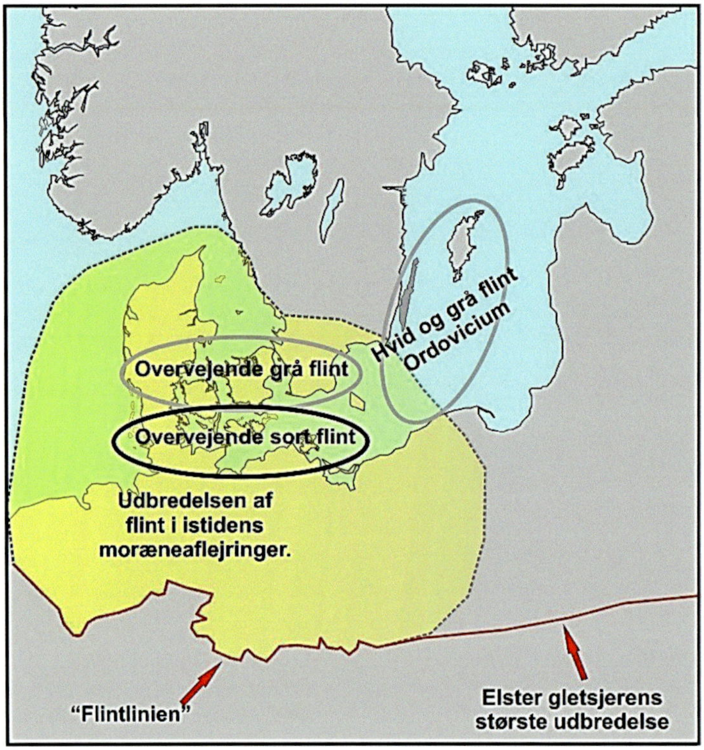


*Fig. 31 - Udbredelsen af flint i de kvartære istidsaflejringer.*

Sort og grå flint har forskellig udbredelse[6]. Den sorte flint er knyttet til Møn og Rûgen, og dominerer som flinttype i de glaciale aflejringer i et område i

6 Udbredelsen af sort Maastricht flint på Falster har forfatteren konfirmeret ved en undersøgelse på denne ø. Al flinten på denne ø er Maastrichtflint.

Østersøen og kysterne der omkring, mens den grå flint, der stammer fra Danienlagene, især findes i moræneaflejringerne på Sjælland, Fyn og den centrale del af Jylland, hvor moræneaflejringerne ligger oven på Kridt- og Danientidens kalk (Fig. 32). – Der er også flint på Øland og Gotland, der er fra Ordovicium, 430 millioner år gammel (Fig. 31). I England forekommer noget tilsvarende, hvor forskellige typer af flint, der kan spores tilbage til blotninger i Prækvartæret, har forskellig udbredelse i de glaciale aflejringer.

## Forvitringsgraden af flint

Istidens lag i Danmark, moræneaflejringerne, indeholder mange sten, og i dele af landet udgør flint en stor del af morænens sten. Ved kysten udvaskes morænestenene og ligger som rullesten i strandkanten. Mange steder udgør flinten halvdelen af strandens sten (Fig. 33). Rullestenene udviser en mat grå/sort farve på grund af sliddet fra bevægelserne af stenene mellem hinanden i strandzonen.

Alle sten på Jordens overflade udsættes for forvitring. Regnvand optager kuldioxid og virker som en svag syre, der ætser stenene. Solen opvarmer jorden om dagen, om natten afkøles jorden. Opvarmningen og afkølingen henholdsvis udvider og krymper stenene. Med tiden giver det spændinger i stenene, så de krakelerer. Vandet trænger ind i de små sprækker.
På vores breddegrad fryser den øverste meter af jorden i de kolde vintre. Vandet i sprækkerne fryser til is og isen fylder 9% mere end vandet. Sprækkerne udvides og stenen sprænges. Det er det, man kalder for frostsprængning.

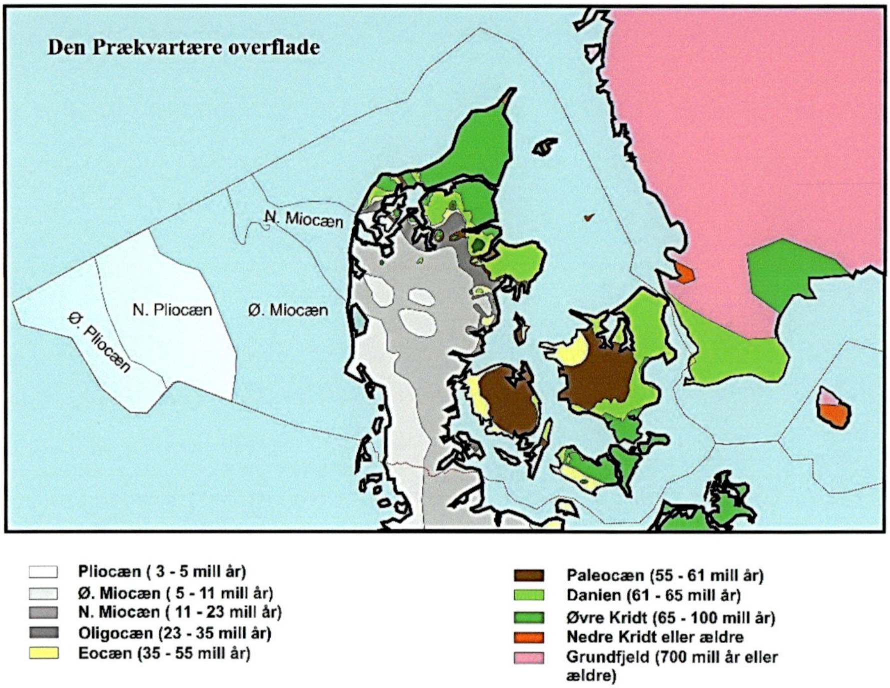


*Fig. 32 - Kortet viser Prækvartær overfladen, dvs. de formationer der findes under istidens aflejringer. De Prækvartære aflejringer bliver yngre og yngre mod vest. Tilstedeværelsen af Palæocæn mergel på Sjælland og ved København viser at kystlinjen på det tidspunkt lå øst for Danmark. Fra Oligocæn tid lå kystlinjen vest for Sjælland. Pliocæne aflejringer findes kun ude i Nordsøen. Danien- og Maastrichtkalken er markeret med grønne farver.*

*Fig. 33 - Strand på Nordsjælland. Man bemærker de mange flintsten (grå og hvide sten). Nederst vist et udvalg af strandens flint.*

Som alle andre sten udsættes flinten også for vejrligets luner, og man finder frostsprængt flint i naturen.
Frostsprængt flint kan antage mange former og forveksles med flintredskaber. Man skal derfor være forsigtig med at fortolke enkelte flintfund som flintredskaber. Fundet skal helst findes i en arkæologisk sammenhæng, gerne en boplads, før man kan være sikker på fortolkningen.

# Kapitel 6 - Menneskets brug af flint

Det vil føre for vidt her at gennemgå alle arkæologiske aspekter af flint. Der henvises til andre bøger, så som Vang Petersen (2007). - Her er alligevel nogle enkelte eksempler, som skal nævnes.

## Oldtiden

### Stenalderøkser

Økser fra Stenalderen er et kendt fænomen, ofte beskrevet i arkæologisk litteratur.
Men hvilken type flint er økserne lavet af?

Vang Petersen nævner, at flint fra Bryozokalken ofte har været anvendt til økser. Det giver mening, idet de tykkere og mere massive flintlag, fra Danien, har været nemmere at kunne fremstille store stenøkser af.
En hurtig søgning på Google gav en masse billeder af stenøkser. Ud af 59 stenøkser, vist på nettet, kunne de 55 bestemmes til Danienflint (på basis af farven og meleringen), og 2 som er mulige falsterflint (stribning).
Maastrichtflinten siges, at være mere "sej", dvs. går ikke så let i stykker. Det kunne være fordi Maastrichtflinten er mere homogen. - Danienflinten indeholder flere fossilfragmenter (bryozoer), der måske giver nogle svagheder i flinten, så den lettere går i stykker ved brug.
Forfatteren har ikke fundet nogen referencer i den arkæologisk litteratur vedrørende dette emne.

### Flintminerne i Jylland

Dansk flint var i Stenalderen en værdifuld vare, som blev udvundet i Danmark og siden eksporteret til steder, hvor flint ikke findes, og hvor der ikke var alternative stenarter, der var brugbare til værktøj. Man har fundet depoter med ubearbejdet flint i Nordskandinavien. Ved Limfjorden, ved blandt andet Hov og Bjerre, har man fundet gamle flintminer, hvor datidens mennesker har gravet ned i kalken og brudt flintknolde til eksport.

På Stevns-halvøen har det ikke været nødvendigt at grave minegange, flinten var let tilgængelig langs hele klinten.
I Polen, ved Krezemonki, er der foregået tilsvarende mineaktiviteter af jurassisk flint, og eksport af flint.  Man har kendskab til over 1.000 flintminer der.

Ligeledes kendes der flintminer i Sydengland, ved Grimes Graves.

## Nutiden

### Kugleflint

Flintknolde, der har ligget i strandkanten som rullesten, er ofte næsten kugleformede. Det er blevet udnyttet i industrien, for eksempel i cementindustrien. Cement består blandt andet af brændt kalk (CaO). Når kalken er brændt, skal slaggen males til pulver. Det skete i kugleflintmøller, som er cylinderformede rør med kugleflint. Når røret roterer, males slaggen til pulver af kuglerne. Sådanne møller har været i brug i over 100 år. - Det var ikke bare cement, der blev malet. Møllerne blev også brugt i farveindustrien og på fajancefabrikkerne. Kugleflinten blev opgravet i strandvoldsaflejringer på blandt andet Stevns og Møn. Dansk kugleflint blev eksporteret til hele Verden.

Kugleflinten er endog indgået i den danske filmskat, her tænkes på Morten Korch filmen ”Flintesønnerne”.

### Fyrtøj og Flint til skydevåben

Flinten er også blevet brugt til fyrtøj. Allerede tilbage i stenalderen opdagede man, at ved at slå svovlkis mod flint, gav det gnister. Det kunne bruges til at lave ild. Fra jernalderen har man fyrtøj, hvor man slår flint mod fyrstål, som er en mere effektiv måde at lave ild på.

I de første skydevåben, fra middelalderen, brugte man en brændende lunte til at antænde krudtet, men i slutningen af 1500-tallet blev snaplåsen opfundet, til håndskydevåben.
Låsetøjets affyringsmekanisme i musketterne var forsynet med et lille stykke nøjagtigt tilhugget, skarpkantet stykke flint, der ved trykket på aftrækkeren slog stenen ned mod et stykke fyrstål. Gnisterne antændte noget fængkrudt, som igen antændte krudtladningen inde i bøsseløbet, og kuglen blev affyret. Flint, til skydevåben, blev især produceret på Stevns-halvøen fra midten af 1700-tallet.
Flintmusketter blev brugt til militær brug, helt frem til 1848.

## Bygningssten

Det er sjældent, i Danmark, at flint er blevet brugt som bygningssten. I England er det dog mere almindeligt. Her i Danmark har vi et godt eksempel i Den Engelske Kirke, ved Langelinie i København, hvor flinten pynter facaden af kirken.

## Brændt flint

Ved opvarmning af flint drives det vand, der ligger som en hinde om de små kvartskrystaller, ud. Ved kvarts-springet (573$^{o}$ C) bliver flint mere lysegrå. Ved 1000$^{o}$ C sker der en delvis smeltning af porerne, hvor vandet befinder sig. Det øger damptrykket i porerne og flinten krakelerer. - Billedet (Fig. 34) er fra Michelsen 1966, og viser, at sprækkerne er ca. 20 my lange i polygonsiderne og måske 1/10 my brede. Der vil være mange af dem, og når de bliver fyldt med luft, giver det flinten den hvide farve. Lysbrydningen i overfladen på flinten ændres.

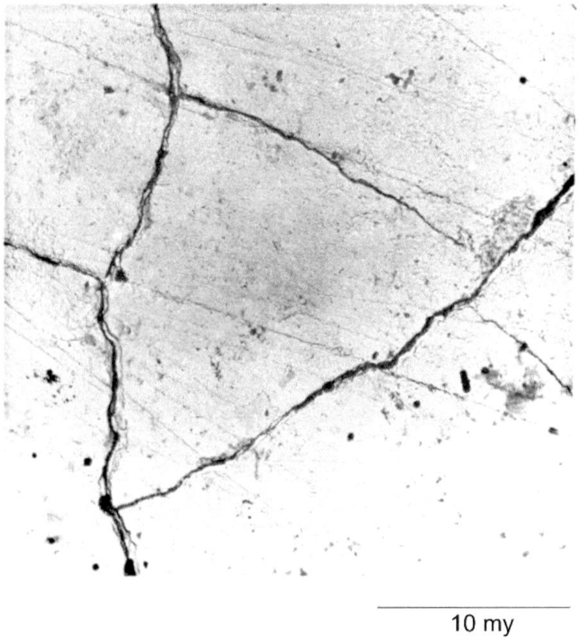

*Fig. 34 - Elektronmikroskopibillede af brændt flint (Michelsen 1966). Bemærk de mange små sprækker, der danner trekanter, hvor sidernes længde er 20 til 30 my.*

## Fajance

Flinten er også blevet brugt til fajancefremstilling her i Danmark. Fajance er en keramisk vare, der almindeligvis omfatter porøst lertøj med hvid, dækkende, tinholdig glasur. Fajance stammer fra Østen, og kendes fra Europa fra 1300-tallet. Det blev først fremstillet i byen Faenza, i Italien. - I løbet af 1500-tallet breder fajancefremstilling sig til andre europæiske lande, bl.a. England.

I Danmark er fajance knyttet til glaserede porøse lervarer. Knust og formalet flint indgik i fremstillingen af fajancen dels i fajancemassen og dels i glasuren.

I 1863 oprettedes fajancefabrikken Aluminia på Frederiksberg, hvor man, fra 1868, begyndte at bruge flint i stedet for importeret kvarts til fajancefremstillingen. Der blev anlagt en flintovn ved Rødvig på Stevns,

hvor flinten blev brændt og efterfølgende knust og finmalet i en kuglemølle, hvori man anvendte kugleflint, også fra Stevns.
Fra 1916 foregik flintbrændingen på Den Kongelige Porcelæns fabrik i København. Her blev flinten anvendt til fajancen frem til 1960, hvor man gik over til at anvende importeret kvarts. Det var blevet for vanskeligt at fremskaffe helt ren flint, som er forudsætningen i fajancefremstillingen.
Fajancemassen består af 50% kaolin (ler), 25% flint eller kvarts og 25% feldspat (aluminium silikat).

# Kapitel 7 - Flint andre steder

## Møn og Rügen

Flintlagene på Møns Klint kan følges langs hele klinten, der strækker sig omkring 6 km (Håkansson et al. 1974). Tilsvarende ses på kalkklinterne på Rügen, og muligvis er det de samme flintlag de to steder. De 2 øer ligger ca. 60 km fra hinanden.

Bromley og Ekdal (1983) rapporterer, at nogle flintlag strækker sig over en afstand af mindst 100 km. Det betyder, at forholdene for dannelsen af de enkelte flintlag på kridttidens havbund, øjensynlig har strakt sig over store områder, med arealer fra 100 til 10.000 km$^2$.

Flinten på Møn, Falster og Rügen er sort (sort Maastrichtflint) og til tider nærmest blålig, og udviklet på samme måde som Maastricht flinten på Stevns, med en tynd hvid skorpe.

Den kan være stribet (Liesegang strukturer?). Den betragtes af arkæologerne, som en af de fineste danske flintsorter.

## Sverige

### *Kristianstadsområdet*

Kristianstadområdet ligger dér, hvor kridthavets kyst befandt sig. Kalkaflejringerne ligger oven på forvitret grundfjeld. Derudover finder man store sten af granit i kalken, der er bevokset med rester af fossiler, som har levet på stenene, ligesom de små krebsdyr, ruerne, i dag. Kalken er meget fossilholdig og klassificeret som en packstone.
Mellem kalklagene ligger lag af kvartssand.

Kristianstadkalken har en alder på 70 – 80 millioner år (Campan, måske nederste del af Maastricht).

I den øverste del af kalken findes der nogle flintlag, som er sorte med hvide prikker af opal(?). Flinten er meget karakteristisk med sit plettede udseende. De hvide prikker skyldes urenheder i kalken, måske kvartskorn.
Kalken er eroderet af istidens gletsjere, idet der ligger glaciale aflejringer ved overfladen.

*Palæozoiske aflejringer*

I de Prækambriske aflejringer kendes lag af chert, som formodentlig er dannet ved kemisk udfældning af silica, idet de findes i forbindelse med båndet jernmalm, der er en kemisk udfældet bjergart. Fra Kambrium dannes chert af døde organismer med silica ($SiO_2$) skaller (radiolarier) og silica skelet (kiselsvampe). I kridttiden desuden af kiselalger (diatomeer).

De palæozoiske aflejringer på Gotland er primært fra Silurtiden (485 – 400 millioner år) og indeholder ikke flint. Der findes flint (chert) på Gotlands strande, men det stammer måske fra Ordovicium (443 - 488 millioner år), som er blottet ude i havet, rundt omkring øen. Denne proveniens er dog usikker (Högsberg et al. 2016).
Flint kendes også fra Øland, og har samme alder, som flinten fra Gotland (Fig. 30).

Den Palæozoiske flint formodes at være dannet på samme måde som Danien- og Maastrichtflinten, med det forbehold, at der ikke foreligger nogle detaljerede undersøgelser, der kan godtgøre, at processen er helt den samme. Forholdene på Jorden i Ordovicium var anderledes, således var atmosfæren mindre iltholdig.
Den ordovisiske flint er lysegrå til grå og indeholder 80 – 98 % silica (Appendiks D) dvs. urenhederne i flinten varierer meget mere end for Danien- og Maastrichtflinten.

Flint kendes også fra Ordoviciske kalkaflejringer fra USA (Ontario). I England indeholder Kultidens kalk grå til sortflint.

## Polen

I det sydlige Polen, ved Krzemionki, finder man kalk fra den yngste del af Jura tiden (Oxfordian, 163 til 157 millioner år siden), som indeholder flintlag. Flinten er speciel, idet den er stærkt stribet (liesegang ringe?) (Fig. 29). Flinten er blevet udnyttet af stenaldermenneskene (3900 – 1600 år fvt), idet man finder miner i kalken, hvor flinten er blevet hentet op og senere lavet til flintøkser på samme måde som i Limfjordsområdet. Flintøkserne blev eksporteret, idet man finder dem op til 600 km fra Krzemionki. I dag bruges flinten til smykker.
Ifølge geologiske undersøgelser er denne flint dannet af silica skeletter fra spongier og radiolarier, samt submarin hydrotermal (vulkansk) aktivitet, der har beriget havvandet med silica (Kochman et al., 2020), dvs. det, som i kapitel 3 er defineret som flintkilde 1 (havvand) og 3 (vulkansk aske).

## Sydeuropa

I Grækenland og Albanien finder man tykke lag af kalk fra Trias-Jura tiden, som indeholder flintlag. Kalken er dybhavskalk, dvs. aflejret på stor havdybde og indeholder sjældent gravegange. Til gengæld er den stærkt lagdelt. Flinten er derfor formet af lagdelingen og udformet som pladeflintlag, der højst er 10 til 15 cm tykke og lateralt kontinuerte (Fig. 35).

*Fig. 35A - Jurassisk kalksten fra Korfu, Grækenland. De røde pile viser flintlag. Kalken er lagdelt med kalkbænke, varierende i tykkelse mellem 50 cm og ned til få millimeter. Røde pile viser flintlag.*

*Fig. 35B - Flintsten, 10 cm tyk. Flinten viser lagdeling mellem lys og mørkegrå flint. Denne lagdeling afspejler lagdelingen i kalkstenen, som er typisk for dybvandskalk. Tilsvarende lagdeling kan ses i Nordsøkalken (Fig 15). Stenen er 10 cm tyk.*

*Fig. 35C - Stranden på Korfu er karakteriseret af mange vandrullede flintsten.*

Flintens farve varierer mellem grå og sort, og kan være brun patineret. Ofte ser man en lagdeling i flinten, der afspejler lagdelingen i kalken (som i Nordsøkalken, Fig. 15). Flinten er måske dannet på samme måde som den

danske flint, bortset fra, at gravegange ikke har påvirket flintdannelsen. Hvis det er tilfældet, har svovlbrintefronten næppe ligget særligt dybt under havbunden (10 - 20 cm?). Men vi ved ikke, om denne ”dybhavs flint” er dannet på helt samme måde, som beskrevet for den Nordeuropæiske flint eller på en helt anden måde.
I Danmark viser vi de flotte flintøkser frem. Går man på museerne i Albanien og Grækenland, finder man ikke store flintøkser fra Stenalderen, til gengæld masser af små flintflækker og groft tilhugget håndøkser fra jægerstenalderen. - Økser kendes fra Bronzealderen, men er selvfølgelig så lavet af bronze. - Store stenøkser kendes fra Mellemøsten, men er ikke lavet af flint. - I Ægypten er det diorit (vulkansk bjergart), der er brugt til at fremstille økser.
Det kunne tyde på, at flinten ikke har været velegnet til store økser (?).

## England (England) og Etretat (Frankrig)

Ved Dover (England) og på den anden side af den Engelske Kanal, ved Etretat (Frankrig), findes der kalk med en alder fra Cenoman til det mellemste Maastricht (100 – 70 mill. år). Det svarer nogenlunde til alderen af kalken på Møn og på Rügen. Kalken, de 4 steder, ligner da også hinanden. Alle steder dominerer kokkolitslammet, dvs. kalken kan klassificeres som mud- til wackestone.
Frekvensen af flintlagene er nogenlunde den samme de 4 steder. Flinten er overvejende sort med en hvid skorpe.

Ved Etretat er kalken aflejret i banker på samme måde som i Korsnæb Leddet på Stevns. Under dannelsen af disse banker skred kalken ned af bankernes sider og dannede slumps.
Hoyas (2013, Fig. 69) viser et eksempel med en sådan slumpet zone i kalken, hvor flintknoldene er breccieret. Den breccierede (opsprækkede)

zone er dannet kort efter kalkens aflejring og flinten er brudt i stykker, hvad der viser, at den var blevet solid. Dette er et eksempel på hvor tidligt silicagelen blev hærdnet.

*Fig. 36 - Klinterne ved Etretat i Normandiet. Den røde pil markerer et flintlag (sorte striber). Der er ca. 1 m mellem flintlagene. (Foto forfatteren).*

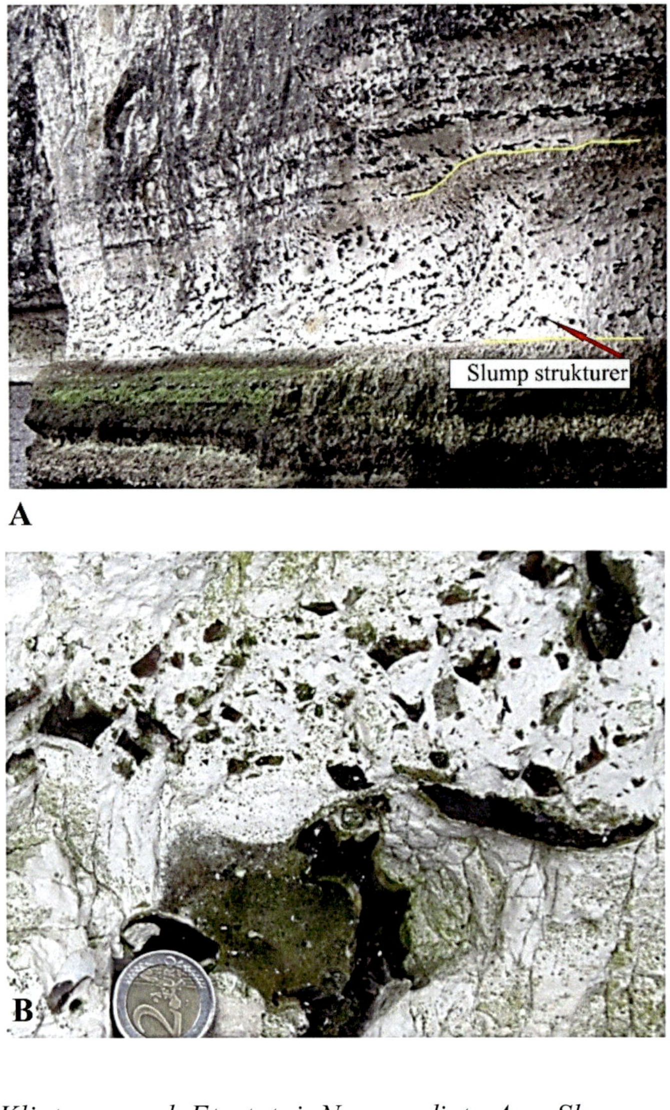


*Fig. 37 - Klinterne ved Etretat i Normandiet. A - Slump af kalk. B - Breccieret flint i slump zonen (Hoyez 2013).*

De jurassiske kalksten fra England indeholder blågrå flintlag.

# Kapitel 8 - Sammenfatning og diskussion

Datagrundlaget for denne bog er indsamlet fra mange forskellige kilder, både geologiske og arkæologiske. Her skal specielt nævnes Högsbergs (2012) røntgen undersøgelser (arkæologisk publikation).
Derudover er observationer af Nordsøkalkens flint inddraget, som ikke tidligere har været kendt.
Det har dog ikke været muligt at give et fuldt tilfredsstillende svar på alle spørgsmål. Således mangler der nogle nyere undersøgelser af den hvide skorpe, både den primære og sekundære, for en bedre forståelse af skorpens dannelse.
Hvis vi opsummerer, er flinten i Nordeuropa et produkt af mange faktorer:

- Silicaen har mindst 3 kilder: diffusion direkte fra havvandet, begravede silica skeletrester og vulkansk aske.
- Flintlagene i Maastrichtkalken er muligvis relateret til, at en dominerende havstrøm fra sydøst i Kridttidens hav, i perioder er blevet afbrudt, hvad der nedsatte kokkolit-produktionen og derfor kalksedimentationsraten. Der blev dannet en gravegangs horisont/hærdningslag. Derved lå svovlbrintehorisonten fastlåst og silicagelen blev dannet og kunne vokse. - Måske er disse perioder forårsaget af klimaskift, relateret til vulkansk aktivitet i Sydatlanten, der blev dannet ved adskillelsen af Sydamerika og Afrika, i begyndelsen af kridttiden. I disse kolde perioder blev koldt bundvand, beriget med silica, ført ind i Nordeuropas kridttidshav.
- Hærdningen af silicagelen svarer måske til det, vi har i det industrielle produkt ”silicagel”, som er polimeriseret og hærdnet silica.

- Silicaen i Maastrichtkalken stammer overvejende fra silica skeletrester og diffusion fra havvandet.
- I Danientiden er det de samme processer samt vulkanismen, nu fra åbningen af Nordatlanten, der spiller ind. Den øgede vulkanisme førte store mængder vulkansk aske ind over Danmark og Nordsøen, fra det nyligt dannede nordlige Atlanterhav. Herved øgedes mængden af silica i kalken og havvandet i denne periode, som fremmede silicificeringren af kalken, dannelsen af flintlagene og deres senere vækst.
- Omdannelsen af den tidligt hærdnede opal til α kvarts er en proces, der er foregået efter kalken blev begravet og over en periode, der strakte sig langt ind i Tertiærtiden. Måske afspejler variationen mellem hvid og sort flint denne proces, som antydet af Madsen (2009). Det betyder, at omdannelsen stadig finder sted.
- I nogen tilfælde (Mariager i Jylland og Arnager på Bornholm), hvor sedimentationen har været uden afbrydelser, er der ikke dannet flintlag, men silicaen er fordelt i kalken som småpartikler, lepisphærer (Opal CT). Kalken er hård og silicificeret. Dannelsen af lepisfærer er sket efter kalken var blevet begravet til en dybde på 200 – 250 m.

Vi ved ikke om den flintdannelses model, der er foreslået i denne bog for den skandinaviske flint, er universel, og om flinten i dybhavskalken (eksempler i kapitel 7) er dannet på samme måde, eller en hel anden måde.
Forfatteren har forsøgt med denne bog at bygge bro mellem de arkæologiske og geologiske discipliner. Det er forfatterens håb, at denne bog vil bidrage til en bredere forståelse for flint og dannelsen af flint.

# Referencer

Bromley, R. G. and A. A. Ekdale 1983: Flint and fabric in the European chalk.
In The scientific study of flint and chert. Proceedings of the fourth international flint symposium in Brighton April 1983

Christensen, L., S. Fregerslev, A. Simonsen and J. Thiede 1973: Sedimentology and depositional environment of Lower Danian Fish Clay from Stevns Klint, Denmark.
Bull. Geol. Soc. Denmark, vol. 22 pp. 193-212.

Clayton, C. J. 1983: The chemical environment of flint formation in Upper Cretaceous chalks.
In The scientific study of flint and chert. Proceedings of the fourth international flint symposium in Brighton April 1983.

DMU 2002: Danmarks Miljøundersøgelse Rapport nr 42

Dunham, R.J. (1962): Classification of carbonate rocks according to depositional texture. I: Classification of Carbonate Rocks (Ed. W.E. Ham), Am. Assoc. Pet. Geol. Mem., 1, 108–121

Felder, F. J. 1983: Rhythms, flint and mesofossils in the Cretaceous (Maastrichtian) of Limburg, the Netherlands.
In The scientific study of flint and chert. Proceedings of the fourth international flint symposium in Brighton April 1983

Gry, H. and B. Søndergaard 1958: The occurring of flint in Denmark

The Danish National Institute of Building Research and the Academy of Technical Sciences
Committee on alkali reactions in concrete, progress report D2.

Gyldendal 2015, Silicium. Den Store Danske Encyclopedia, internet version.

Heilmann-Clausen, C.: Danmarksgeologiske udvikling fra 65 til 2,6 mio. år før nu.
Geoviden, Geologi og Geografi nr. 3, 2010.

Hoyaz, B. 2013: Geological field guide to Etretat (Seine-Maritime, Upper-Normandy, France)
Science et Geologie Normandes, Tome 6, 75-144, WWW.s-g-n.eg2.fr

Högsberg, A., D. Olausson og R. Hughes 2012, Many different types of Scandinavian flint -Viusal classification and energy dispersive X-ray fluorescence. Journal of Swedish antiquarian research.

Högsberg, A., D. Olausson og R. Hughes 2016, Chemical and visual analysis of flint from Gotland and Öland. Fornvännen 111, Stockholm.

Håkansson, E., R. Bromley and K. Perch-Nielsen 1974: Maastrichtian chalk of north-west Europe – a pelagic shelf sediment. Spec. Publs int. Ass. Sediment. (1974) 1, 211 – 233.

Kastner, M. 1979: Silica polymorphs.
In Vol. 6: Marine minerals. Ed. R. G. Burns.
Mineralogical Society of America. Short course notes.

Kochman, A., J. Matyszkiewicza, M. Wasilewskib, 2020: Siliceous rocks from the southern part of the Kraków-Częstochowa Upland (Southern Poland) as potential raw materials in the manufacture of stone tools – A characterization and possibilities of identification. Journal of Archaeological Science, vol 30.

Kunzendorf, H., R. Gwozdz, H. J. Hansen and N. Svendsen 1986: Trace elements in a North Sea drill core. Applied Geochemestry, Vol. 1, pp. 383-394

Lindgreen, H. and F. Jakobsen 2012, Nano-quartz in North Sea Danian chalk
Geological Survey of Denmark and Greenland Bulletin 26, 9–12

Madsen H.B. 2009: Microbial and burial induced silica diagenesis in Upper Cretaceous-Paleogene chalk in Denmark and the North Sea
Ph.D Thesis, GEUS report 2009/41

Madsen H.B. and L. Stemmerik 2010, Diagenesis of flint and porcellanite in the Maastrichtian chalk at Stevns Cliff, Denmark.
Journal of sedimentary research vol 80, nr. 6, p. 578 – 588.

Madsen H.B., L. Stemmerik and F. Surlyk 2010: Diagenesis of silica-rich mound-bedded chalk, the Coniacian Arnager Limestone, Denmark
Sedimentary Geology 223, 51–60

Maliva, R. G., A. H. Knoll and R. Siever 1989: Secular changes in chert distribution: A reflection of evolving biological participation in silica cycle. Palaios, v- 4 p. 519-532

Michelsen, H. 1966: The Structure of Dark Flint from Stevns, Denmark. DGF Bull, 16, 285-368

Nielsen, S. B., E. Thomsen, D. L. Egholm and O. R. Clausen 2008: De europæiske inversioner – og Nordatlantens åbning. Geologisk Nyt 1/08

Noe-Nygaard, N. and F. Surlyk 1985: Mound bedding in a sponge-rich Coniacian chalk, Bornholm, Denmark.
Bull. geol. Soc. Denmark, vol. 34, pp. 237-249, Copenhagen, December 20$^{th}$, 1985.

Pettijohn, F. J. 1956: Sedimentary Rocks. Harper and Row, publishers, New York.

Ramberg, I. B., I. Bryhni, A. Nøttvedt and K. Rangnes 2006, Landet bliver til, Norges geologi.
Page 454, Norges geologisk Forening

Reinicke, R., 2012, Steine in Norddeutschland, zeugen der eiszeit. Demmler Verlag

Rosenkrantz, A., 1924, De københavnske grønsandslag og deres placering i den danske lagrække.
Bull. Geol. Soc. Denmark bd. 6 nr 23.

Saunders, A.D., Fitton, J.G., Kerr, A.C., Norry, M.J. & Kent, R.W. 1997: The North Atlantic Igneous Province. In: Mahoney, J.J. & Coffin, M.F. (eds): Large igneous provinces. Geophysical Monograph Series **100**, 45–97.

Sheperd, W. 1972: Flint, its origin, properties and uses.

Faber and Faber, London.

Simonsen, L. and J. Toft 2006: Texture, composition and stratigraphy of volcanic ash beds in lower
Palaeocene chalk from the North Sea Central Graben area.
Marine and Petroleum Geology 23 (2006) 767–776

Stenestad, E. 1976: Københavnsområdets geologi især baseret på citybaneundersøgelserne. DGU III ser. No. 45.

Surlyk F. and Lykke-Andersen 2007: Contourite drifts, moats and channels in the Upper Cretaceous chalk of the Danish Basin. Sedimentology 54.

Svendsen, N. 1979: The Tertiary/Cretaceous chalk in the Dan Field of the Danish North Sea. Cretaceous-Tertiary Boundary Events Symposium Vol. II.

Sørensen, S. og G. Iversen, 1995: Flinten Danmarks diamant.
Museet for Thy og Vester Hanherred

Thomsen, E. 2000: Flintens geologi og mineralogi.
In: Flintstudier, en håndbog I systematiske analyser af flintinventar.
Århus Universitetsforlag 2000.

Tovborg-Jensen, A., C. J. Wøhlk, K. Drenck and E. K. Andersen 1957: A classification of Danish flint etc. based on x-ray diffraction.
The Danish National Institute of Building Research and the Academy of Technical Sciences
Committee on alkali reactions in concrete, progress report D1.

Toxværd, S. 2011: Nodular flint in the uppermost Maastrichtian chalk: a key to understanding the origin of flint. DNRF center "Glass and Time," IMFUFA, Department of Sciences, Roskilde University, Postbox 260, DK-4000 Roskilde, Denmark. Unpublished note.

Vang Petersen, P. 2007: Flint fra Danmarks Oldtid. Fjerde oplag. Forlaget Museumsbutikkerne.dk

# Appendiks A - Definitioner.

## Dunham kalksedimentklassifikationen

Geologen, Robert J. Dunham, offentliggjorde sit klassificeringssystem for kalksten i 1962.

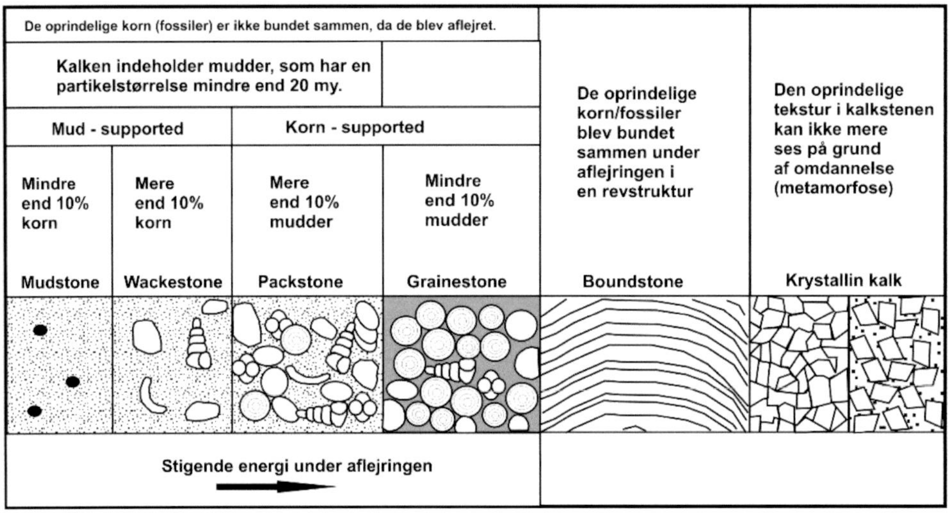


*Fig. A1 - Dunham klassifikationen. Forfatteren har bibeholdt de oprindelige navne på sedimentklasserne.*

Det originale Dunham-klassificeringssystem blev udviklet med henblik på at tilvejebringe praktiske klassificeringsnavne på grundlag af kalkens aflejringsstruktur, dvs. forholdet mellem indholdet af korn og kalkmudder. Mudderet er defineret som den finkornede del af kalken, der ikke er større end 20 my. I skrivekridtet er mudderet overvejende kokkolitslam, og kornene er overvejende fossilrester. - Herefter ser man på, om kornene flyder i mudderet og ikke rører ved hinanden (mudsupported), eller om de er så talrige, at de røre ved hinanden (grainsupported). - Endelig ser man på, om fossilerne er vokset sammen, dengang de levede på havbunden (rev struktur).

Her er klassifikationen (Fig. A1):

- Mudstone, kalkbjergart, der består overvejende af kalkmudder og med mindre end 10% korn (Fig. 6).
- Wackestone, mere end 10% korn, kornene er mudsupported.
- Packstone, kornene rører ved hinanden, dvs. sedimentet er grainsupported. Mudderfraktionen udgør 1% eller mere (Fig. A2).
- Grainstone, sedimentet består stort set kun af korn med højst 1% mudder.
- Boundstone, evidens for revstruktur, dvs. fossilerne er vokset sammen, da de levede (koralkalk).

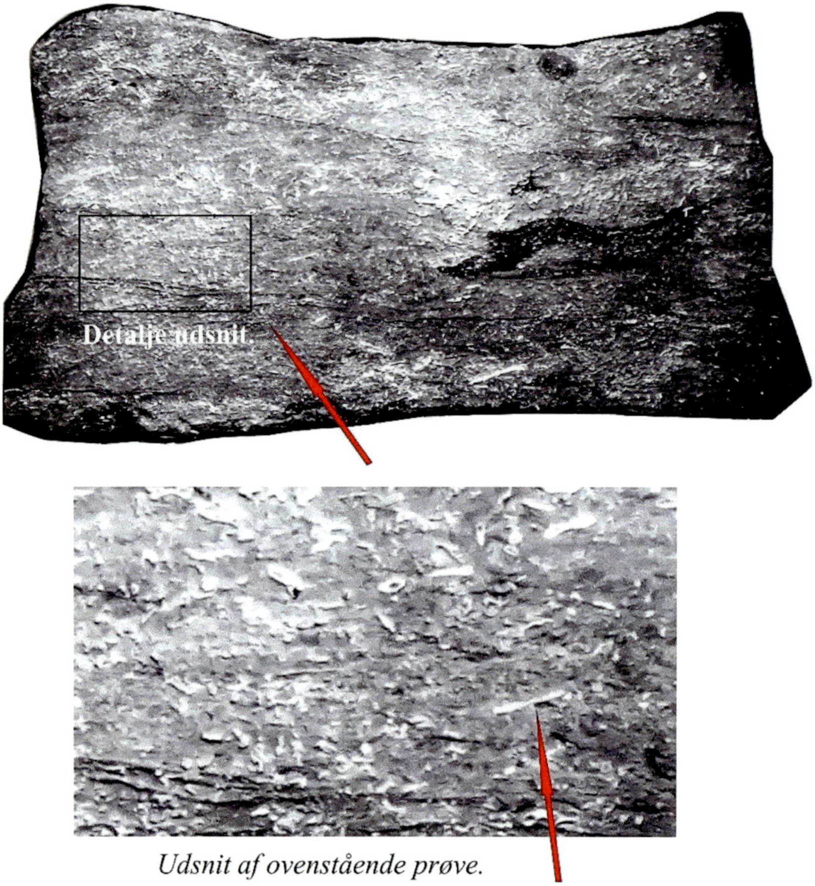


*Udsnit af ovenstående prøve.*

*En bryozo.*

*Fig. A2 - Orienteret kalkprøve fra Højerup Leddet, fotograferet i UV-lys. UV-lyset fremhæver små forskelle i kalken, som er svære at se i normalt lys. Prøven viser de mange bryozoer i kalken. Bryozoerne ligger i kalkmudderet; dette er et eksempel på en Wackestone. Den sorte slire er en udtværet Talassinoides gravegang. Prøven er taget på kanten af en af bryozobankerne, hvor der er talrige eksempler på slumping.*

Fordelen ved Dunham klassifikationen er, at den giver en idé om aflejringsmiljøet.
En mudstone er aflejret på dybt vand eller i en lagune uden bølgeaktivitet. Fossilindholdet giver en indikation på vanddybden, groft sagt jo flere fossiler jo lavere vanddybde.
I en grainstone har bølgeaktivitet vasket det meste mudder væk, og aflejringsdybden er den mindste. Der er dog ikke altid nogen entydig sammenhæng mellem vanddybde og Dunhams klassifikation, men den giver en første indikation på aflejringsmiljøet.

## Mohs hårdhedsskala

Mohs hårdhedsskala er udarbejdet af østrigeren F. Mohs (1773 – 1839) og benyttes til at give et relativt mål for et minerals hårdhed. Skalaen går fra 1 til 10, hvor 10 udgør det hårdeste materiale og 1 det blødeste. 10 svarer til hårdheden af en diamant og 1 til hårdheden af mineralet talk. Fingernegle har en hårdhed omkring 2,5, mens en hærdnet lommekniv har en hårdhed omkring 6,5.

## Fossiler

Nogle forskere definerer fossiler som "enhver evidens for forhistorisk liv". Her er ordet forhistorisk vigtigt, idet de sætter en tidsmæssig øvre grænse ved 6.000 år før nu, som er tiden for de første nedskrevne historiske dokumenter. Det betyder så, at moseligene fra Jernalderen og de ægyptiske mumier ikke er fossiler.
Derudover er fossiler rester af døde planter eller dyr, som er bevaret i jorden (Fig. A3).

Bevaringen af de døde organismer varierer afhængig af hvilken type organisme samt hvornår de døde og hvordan. Når et dyr eller en plante dør, rådner bløddelene og bliver som regel kun bevaret under særlige omstændigheder. Et dyr, der kun består af bløddele, har derfor kun en lille chance for at blive til en fossil.

For det meste er kun skelettet besvaret. Udover Calcit kan skelettet også bestå af kitin, som kan bevares som en kulhinde, mest i skifre, eller opal ($SiO_2$). Kun en brøkdel af de dyr og planter, som har levet på Jorden opnår, at blive til fossiler.

Da skeletdele eller skaller ofte består af kalcit, aragonit (ustabil type kalk), opal, sjældnere kalciumfosfat eller kitin, er det som regel disse dele, der bevares som fossiler, hvis de begraves i sedimenter. Inden da bliver en stor del af skeletresterne ødelagt ved biologisk aktivitet (borende organismer) eller fysisk nedbrydning ved transport på havbunden. Når skeletdelen eller skallen er blevet begravet, kan der ske en sekundær mineralisering, eks. omdannes aragonit til den stabile kalcit.

Såfremt skallen opløses opstår et hulrum, som er et aftryk af dyret. Hvis hulrummet udfyldes af calcit eller et andet materiale udgør det en afstøbning af det oprindelige fossil.

Kalken er et biologisk sediment, idet det for det meste består af fossilrester.

Udover kokkolitterne findes der en hel masse andre fossilrester, både mikroskopiske og store, som kan studeres med det blotte øje eller en lup/mikroskop.

I det følgende er der beskrevet udvalgte fossiler, der har betydning for kalkdannelsen.

## Havsvampe

Havsvampe eller Porifera er overvejende bundlevende marine dyr (?). Deres ydere form varierer fra tynde belægninger på bunden til opretstående legemer af meget forskelligt udseende. De har et system af porer og kanaler inden i, gennem hvilket de pumper en vandstrøm. Havsvampene har et skelet af tråde af spongin (protein stof) eller ugrenede og grenede nåle (spikler, Fig. 20) af calcit eller kisel, (opal). Spiklerne kan i nogen tilfælde være vokset sammen til et fast skelet.

## Mosdyr (Bryozoer)

Mosdyr eller Bryozoer (Fig A2 og A3A) er små fastsiddende, kolonidannende dyr. De er udstyret med en lophophor, som er en udvækst på dyret udstyret med tentakler. De fossile arter er alle marine. De enkelte individer i kolonien er almindeligvis mindre end 1 mm, og er placeret i et kammer. De er tvekønnede, hvor ægget udvikles i særlige oviceller. Andre individer har specialiseret udformning såsom forsvarsindivider.

Man finder ofte bryozo kolonier som belægninger på andre fossiler for eksempel søpindsvin. Andre former danner små træer (sjældent højere end 5 cm), der er vokset på havbunden (Fig. A2 og A3A). Bevoksningen har dannet tætte krat på bunden af kridttidshavet og specielt Danienhavet. Disse bryozokrat har fanget kokkolitslammet, som blev ført med af havstrømmen fra syd. Krattene har vokset især på den sydlige top af bankerne. Det har betydet at bryozobankerne er vokset mod syd. Det gælder især bankerne i Højerup-laget.

Bryozoerne kendes fra Kambrium til nutiden. De Cheilostome bryozoer opstod i Kridttiden, og det er disse typer, som vi finder på Stevns Klint. De er også almindelige i dag.

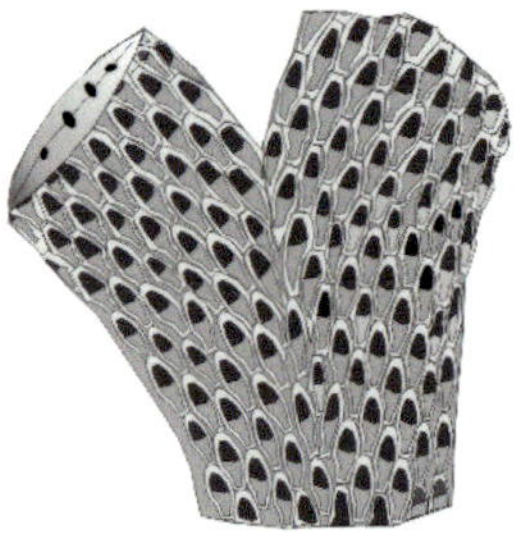

*Del af Coscinopleura (Kridt til Eocæn)*

*Moderne bryozokoloni.*

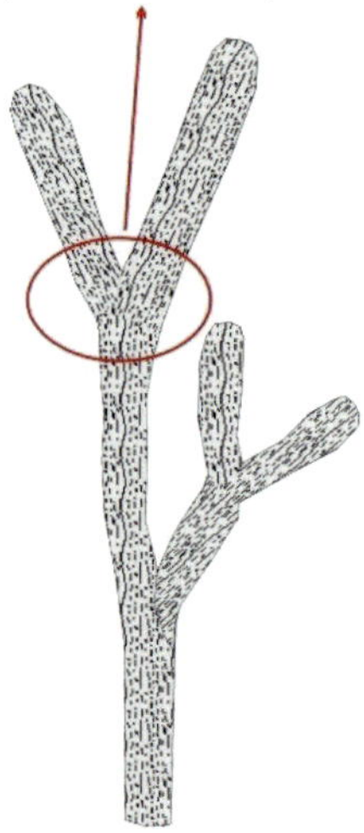

*Rekonstruktion af en fossil bryozokoloni ca. 5 cm høj.*

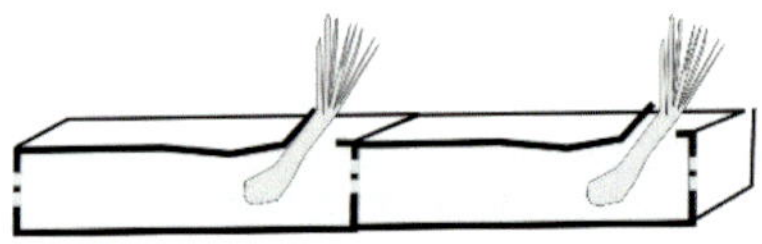

*Tværsnit af bryozo kamrene med en lophophor. Hvert kammer er 1 til 2 mm lang.*

Fig. A3A – Fossiler: Bryozoer

Koraller

Korallerne (Fig. A3B) hører til klassen af dyr, som man kalder polypdyr, Cnidarier. En polyp har en bægerformet krop, der sidder vedhæftet på

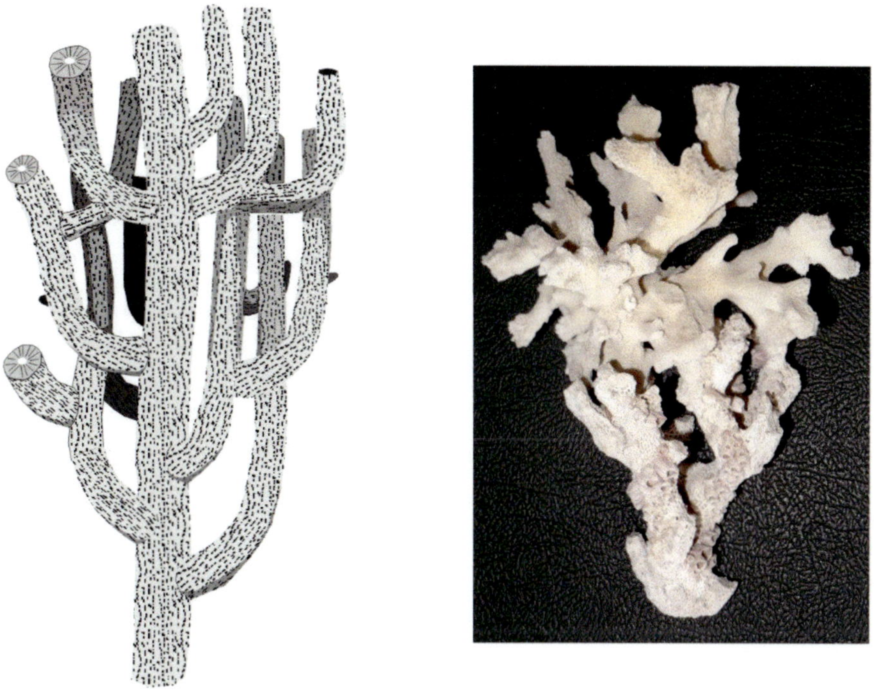

*Fig. A3B – Fossiler: Koraller. Moderne Acropora koral til højre og til venstre Dendrophylia koral (dan - recent) fra Faxe kalkbrud. Den moderne koral lever på lavt vand og er afhængig af lys, idet koraller lever i symbiose med dinoflagelater, der har fotosyntese, og derfor kræver lys. Dendrophylia lever i dag på dybt vand, ned til 900 m dybde, og har ingen symbiose med lyskrævende symbianter. Det passer med, at havdybden i Danien ved Faxe, har været 200 - 500 m.*

underlaget. Munden sidder på oversiden omgivet af bløde vedhæng, tentakler. Sidstnævnte bruges til at fange fødeemner. De fleste koraller danner derudover et kalkskelet eller et skelet af gorgonin (hornagtigt materiale). De er enten enlige eller kolonidannende. Sidstnævnte danner store strukturer på havbunden, koralrev. I Danmark kendes der koralrev fra Danientidens kalk ved Faxe.

Bløddyr

Bløddyr eller mollusker (Fig A3C) omfatter bla. snegle, muslinger og blæksprutter. De har oftest en blød, kort krop uden leddeling eller lemmer. De har en bilateral symmetri, der dog er camoufleret hos gastropoderne ved en snoning af kroppen. De fleste mollusker har en permanent ydre skal af kalk og scleroprotein (conchiolin). Skallen fungerer som beskyttelse af dyrenes bløddele, der hos de fleste former kan trækkes helt inden for skallen.

*Pychnodonta musling (Kridt - recent) en hyppig fossil i Maastrichtkalken*

*Buccinum ? (Konk) (Tertiær - recent)*

*Fig. A3C – Fossiler: Muslinger (Pelecypoder) og snegle (Gastropoder).*

Pighuder (Echinodermer)

Pighuder (Fig A3D) er en stor gruppe af invertebrater, som er karakteristisk

ved et indre vandkanalsystem og et skelet opbygget af calcitplader med en gitteragtig mikrostruktur. De lever overvejende på havbunden enten som fastsiddende, for eksempel søliljer eller frit bevægelige, såsom søpindsvin/søstjerner.
De voksne pighuder har en radiær symmetri, for det meste 5 strålet symmetri. Søpindsvin og søliljer forekommer som almindelige fossiler i både Maastricht- og Danienkalken.

*Clypeasteroida, "sanddollar" (Eocæn -recent). Søpindsvin, der lever nede i sedimentet.*

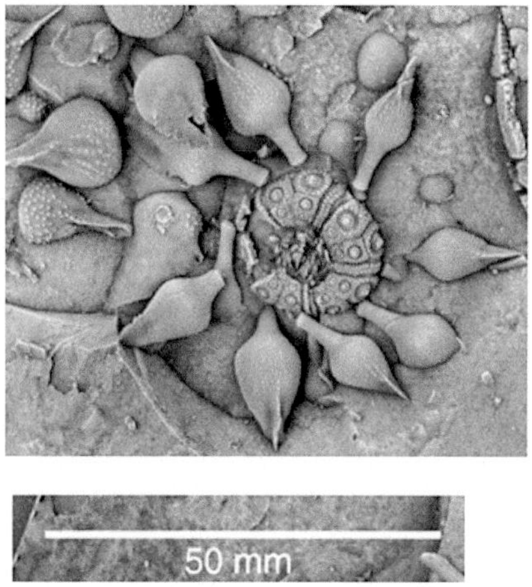


*Tylocidaris vexillifera Danekræ nr 477*

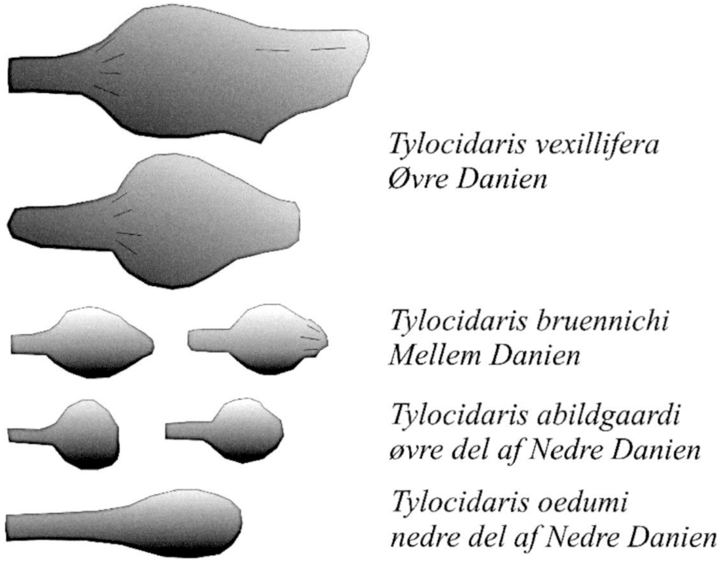


*Fig. A3D – Fossiler: Echinodermer, søpindsvin. Piggene på Tylocidaris søpindsvinet varierer i form op igennem Danien. De kan derfor bruges til en stratigrafisk inddeling af Danien.*

<u>Armfødder (Brachiopoder)</u>

Armfødder (Fig A3E) er små marine skalbærende dyr. Ved første øjekast ligner de muslinger og blev også tidligere klassificeret som et bløddyr. I dag anses de for en separat klasse. Armfødderne har to glatte og hvælvede skaller, som er forskellige og hver skal er bilateralt symmetrisk. Skallerne kan åbnes og lukkes vha. muskler. Armfødderne er suspension feeders, dvs. de filtrerer havvandet og lever af det plankton de filtrerer fra ved hjælp af en lophophor (ligesom bryozoerne). De fleste arter sidder på underlaget ved en stilk. Nogle arter lever nedgravet i sedimentet (Lingula).

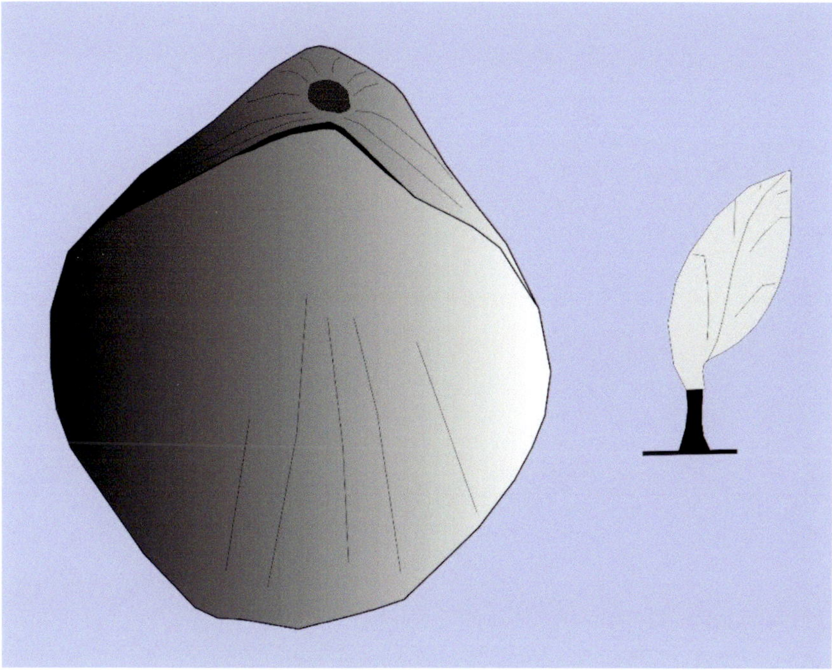

*Fig. A3E – Brachiopoder: Rhynchonella faxensis, (længde 10 mm). Til højre vises hvorledes brachiopoderne står på deres stilk.*

## Sporfossiler

Sporfossiler er spor efter levende organismer, der har levet i et sediment (Fig. A4). De almindeligste sporfossiler dannes af marine dyr, der lever nedgravet i havbunden enten stationært, som eks. sandorm, eller mobilt, som gravende snegle eller søpindsvin. Det er ikke altid, man finder det dyr, der har dannet sporfossilet, men selve udformningen af sporfossilet giver en indikation af aflejringsmiljøet.
Studiet af sporfossiler kaldes også Ichnologi (af græsk ichnos "spor" og "logi" læren om).

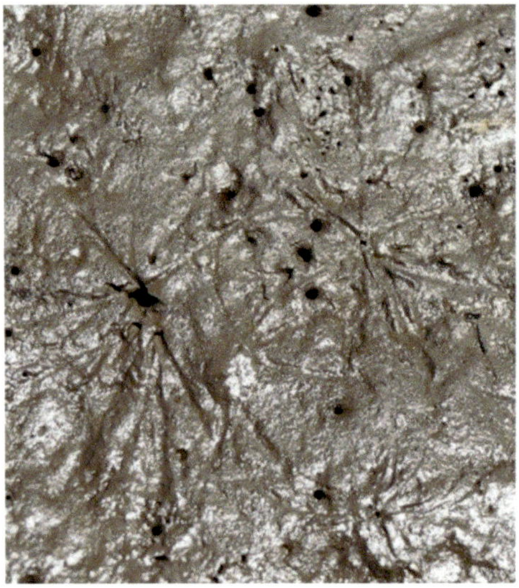 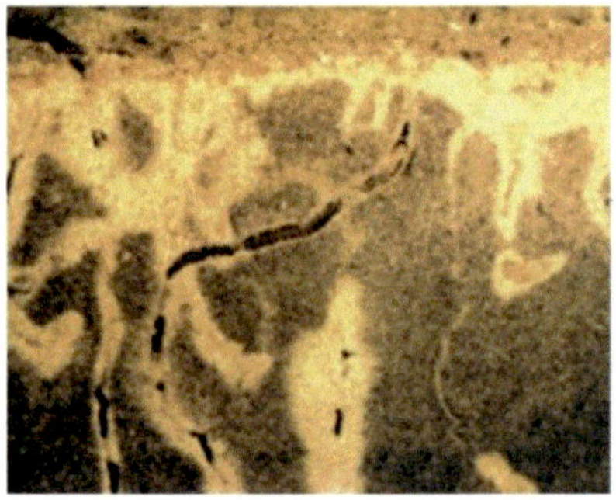

*Fig. A4 - Moderne sedimentoverflade med gravegangs huller. Dyr der graver i havbunden, trækker iltrigt vand langt ned i havbunden. Her kan det bla. oxidere de reducerede jernforbindelser. På billedet til højre ses de oxiderede zoner som lyse lag omkring ormerørende. I midten en sandorm. Rapport DMU 2002.*

I denne her sammenhæng skal nævnes to typer af sporfossiler, Thalassinoides og Zoophycos, som er almindelige i kalken på Stevns.

Thalassinoides er muligvis spor efter gravende krebsdyr (Calianassa, mudderkrebs), der har levet i de gravegange, de selv lavede (Fig. A5 og A7). Det moderne krebsdyr understøtter siderne i gravegangene med deres fækale kugler (ekskrementer), så gravegangen ikke falder sammen. Det finder man også i de fossile gravegange.

Zoophycos er et ædespor, muligvis efter en orm, der har levet af det organiske materiale, der dengang (Kridttiden) var i kalken (Fig. A6). En god analog er sandormen.

Ofte får man kun et todimensionalt snit gennem sporfossilet, og skal derefter rekonstruere en tredimensional model af gravegangen, på basis af flere tværsnit. Da flintdannelsen hænger sammen med specielt Thalasinoides gravegangene, viser flintlagenes udformning ofte gravegangenes tredimensionale udformning (Fig. A7).

## Hærdningshorisonter

Skrivekridtet er oftest lagdelt i 30 til 40 cm tykke lag, hvor lagplanerne fremtræder som 1 mm tynde lerslirer. Lerslirerne repræsenterer muligvis korte stop i sedimentationen af kokkolitterne, eller er rester efter opløsning af kalken, idet lagplanerne kan være udviklet som stylolitter.

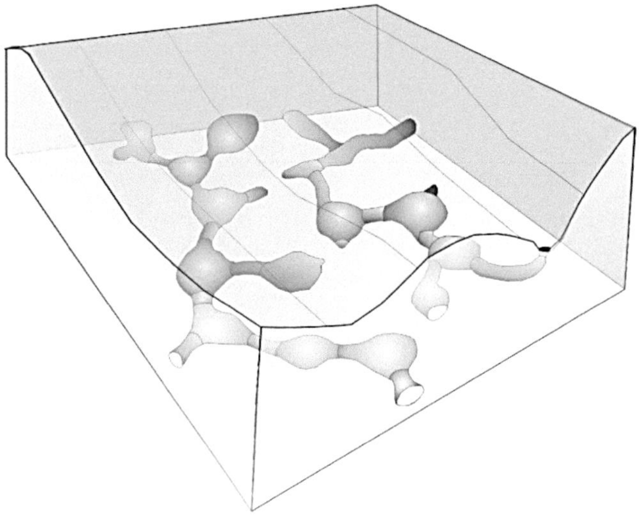

Calianassa gravegang

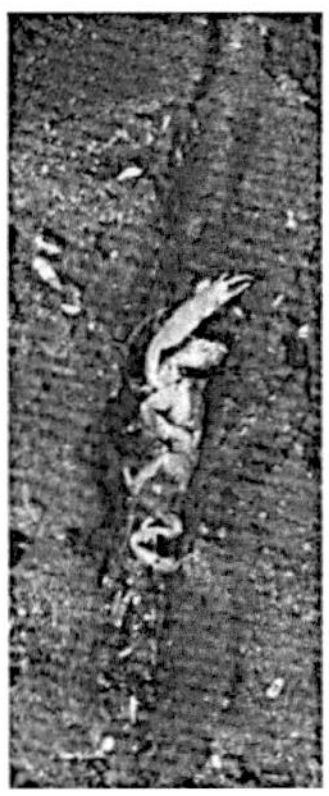

Calianassa - mudderreje
i sin gravegang.

Ydersiden i en Calianassa
gravegang.

*Fig. A5 – Sporfossiler: Calianassa, en mudderreje, er en mulig moderne ækvivalent til Thalassinoides dyret.*

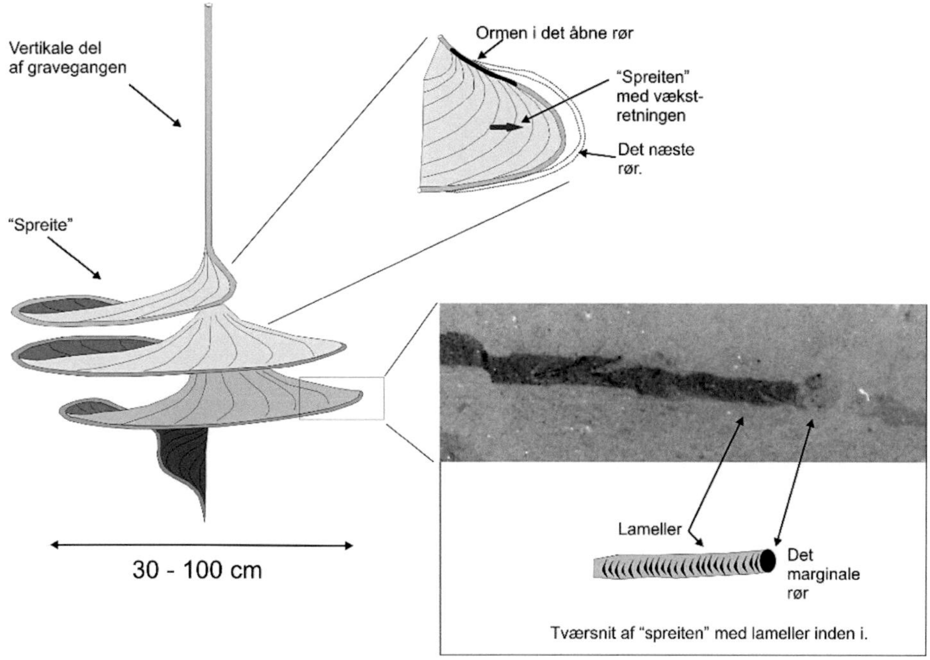


*Fig. A6 – Zoophycos ("Spreiten") er ædesporet efter en orm, der har spist sig vej igennem kalksedimentet og levet af det organiske materiale. Lamellerne inde i Zoophycos sporfossilet viser et tværsnit i "spreiten".*

Kalken er som nævnt gennemgravet af dyr, der har levet nede i sedimentet (Fig. 6 og A4). Nogle lag er karakteriseret ved dominans af en type gravegang, Thalasinoides. Disse gravegange er 1 til 3 cm tykke og har muligvis været beboet af krebsdyr.

Dette skift fra kalk, med mange forskellige typer gravegange, til kalk med kun en type gravegang, antyder et skift i aflejringsmiljøet, formodentlig relateret til en nedsat sedimentationsrate. - Man kalder sådan en gravegangshorisont, en diskontinuitets flade (på engelsk ommision surface).

Hvis vi ser på grænsen mellem Sigerslev Leddet og Højerup Leddet (benævnt SHH-1), er det også en diskontinuitets flade, men vi kan se, at laget også er blevet cementeret, mens det blev dannet (Fig. 6). SHH-1 har nogle mindre overskydninger, der viser, at det hærdnede lag er sammenhængende. Man kalder sådanne overskydninger “Teepee strukturer”, der skyldes, at laget udvidede sig ved hærdningen. Cementeringen er koncentreret i knolde, som er let rødfarvet. Den røde farve er jernoxid (rust), der højst sandsynlig er forvitret svovlkis (pyrit $FeS_2$).
Ti centimeter under den anden sedimentations afbrydelse, SHH-2 (se Fig. 6), ligger det massive knoldeflintlag, der kan følges langs hele Stevns Klint, dvs. en strækning på 15 km. SHH-1 & 2 er ikke udviklet som et hærdningslag nord for Mandehoved, hvor der kun findes en gravgangs-horisont (omission surface).

Kalken under knoldeflintlaget (se Fig 5) indeholder Zoophycos sporfossiler. De findes ikke mellem SHH-1 og SHH-2, hvad der antyder et andet aflejringsmiljø (lavere sedimentations rate?).

*Fig. A7 - Silicificerede gravegange i nedfalden blok fra Korsnæb Leddet (Danien Bryozokalk). Stevns Klint.*

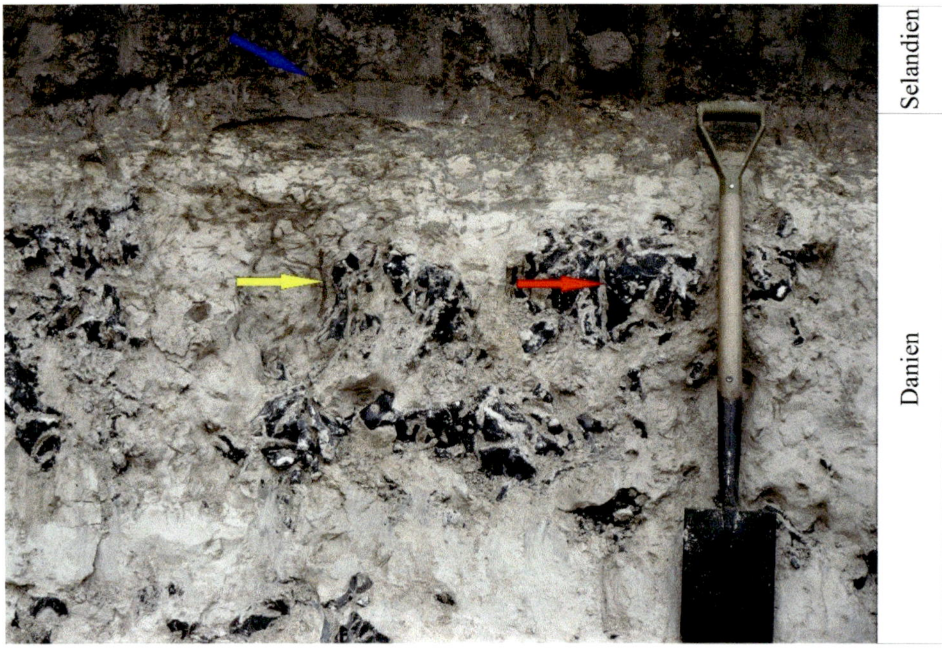


*Fig A8 - Profil af Danien Selandien grænsen ved Svejstrup lige nord for Randers i Jylland. Ved afslutningen af Danien stoppede kalksedimentationen, og toppen af kalken blev eroderet. Gravegangene af Thalassinoides typen stod åbne nede i kalken. Det er en sammenlignelig situation til Stevns (som beskrevet i kapitel 3). Svovlbrintefronten blev fastholdt på et bestemt niveau samt rundt om gravegangene. Silicaen flokulerede ude i kalken, men da gravegangene var åbne, blev de ikke fyldt med silica. Da sedimentationen igen fortsatte, men ikke med kalk men ler, blev gravegangene opfyldt af mergel. Det forhindrede silicaen i at gro ind i gravegangsfyldet. Sedimentationsstoppet er estimeret til 1 million år.*
*Man finder ikke flint i mergel. Det er muligt, at flintknoldene er vokset efterfølgende, hvor silicaen er diffunderet op nedefra. Rød pil gravegang inde i flinten der ikke er fyldt med flint men mergel. Gul pil gravegang i kalken fyldt med Selandien mergel. Blå pil konglomerat ved basis af Selandien, der viser at toppen af Danien kalken er eroderet.*
*Billede fra Heilman Clausen, personlig kommunikation. Sektionen er beskrevet af Heilman-Clausen (2010).*

Diskontinuitetsfladen er udviklet som en hærdningshorisont med en delvis cementering. Dette lag er 30 cm tykt. Hvis vi antager en gennemsnits sedimentationsrate på 15 cm per 1.000 år (Håkansson et al. 1974), så er dette lag dannet over en periode på mindst 3.000 år, og hvis vi inkluderer sedimentationsstop, må vi regne med, at dette lag er dannet over en periode på mindst 10.000 år.

Ser vi på grænsen mellem Korsnæb Leddet og de underliggende lag af Rødvig Formationen, er den også udviklet som en hærdningshorisont (Fig. 9). Her er cementeringen komplet, laget er hårdt i en tyk zone på 30 til 50 cm.

Ovenstående viser en udvikling fra et kort sedimentations-stop (få tusinde år) til sedimentations stop på mere end 10.000 år. Hærdninghorisonten under Danienkalken er måske dannet i en periode på 100.000 til 300.000 år.

I Nordsøen mangler den nederste del af Danienkalken, det der svarer til Fiskeleret, Cerithiumkalken og den nederste del af Korsnæb-laget. Det er svært at give et eksakt tidsinterval for perioden uden aflejring, men palæontologiske data tyder på, at ude i Nordsøen har der været en periode på mellem 700.000 til 1 million år, hvor der ikke er blevet aflejret kalk. Tilsvarende tidsinterval ser man ved overgangen mellem Danien og Selandien (nederste del af Paleocæn) ved Svejstrup i Jylland (Fig. A8).

# Appendiks B - Flintdannelses teorier

I tidens løb har der været flere teorier om dannelse af flint.

1 - Syngenetisk, samtidig udfældning af silica, nede i sedimentet (1000 – 10.000 år). Clayton (1983).

2 - Sengenetisk, dvs. dannet længe efter sedimentationen. Mere end 100.000 år. Simonsen og Toft (2004).

3 – Aflejring af silica gel direkte på havbunden. Owen (1850), Lindgren og Jacobsen (2012).

4 – Liesegang teorien. Nedsivning af silica fra overfladevand. Liesegang (1913), Shepard (1972).

De to første teorier er blevet diskuteret i teksten. Det er forfatterens mening, at nr. 1 og 2 udgør de mest plausible forklaringer for flintdannelse.

Lindgreen og Jakobsen (2012) (3) foreslår, at en silica-gel blev afsat som et lag, før den blev omdannet til flint. Gelen skulle stamme fra en kraftig opblomstring af radiolarier, som en konsekvens af massiv vulkanisme (dvs. forsuring af havet og kraftig tilførsel af silica til havvandet). Laget af silica gel blev gennemgravet, mens sedimentet stadig var blødt.
De bruger et eksempel fra en kerne i Gorm feltet (N22 boringen).

Forfatteren har lignende observationer i Tyra-feltets borekerner (Fig. 13) og i blotninger fra Stevns og Faxe (Fig. 18). Fyldet i gravegangene var det

sidste, der blev silicificeret, fordi silica gelen blev etableret inden gravegangene blev fyldt med sediment.
Et todimensionalt snit gennem et flintlag kan muligvis vise, hvad der ser ud til at være en gravegang inde i flintstenen, mens der i en tredimensionel visning fremkommer en kompliceret silicificerings- proces, der fortsatte efter, at kalken var begravet (Fig. 13).
Der er intet, der tyder på, at flint blev dannet som en sedimentær dannelse, men flintdannelsen kan være blevet fremmet af øget tilførsel af silicaskeletrester.

Liesegang-teorien (4) er gennemgået i afsnittet om stribet flint, men blev altså også brugt til at forklare tilstedeværelsen af flintlag i det engelske kridt. I denne forklaring er det nedsivende grundvand, med forhøjet indhold af silica, der danner flintlagene, i form af en liesegangproces, hvor flintlagene udgør liesegangbåndene. Denne forklaringsmodel er for længst opgivet.

# Appendiks C – Fiskeleret

Fiskeleret på Stevns Klint har sin egen spændende historie.
Som nævnt i Kapitel 1, finder vi Fiskeleret i de små bassiner, mellem Højerupkalkens bryozobanker (Fig. 9 og C1). Det udgør grænsen mellem Kridt- og Danientiderne (ca. 65,5 millioner år siden), og man har længe vidst, at denne grænse er speciel, idet en stor del af Jordens flora og fauna uddøde netop på dette tidspunkt. I alt uddøde 75 % af Jordens liv, blandt andet dinosaurerne.

*Fig. C1 - Detail billede af Fiskeleret på Stevns Klint.*

Analyser af lerlaget har vist, at det indeholder det sjældne ædelmetal Iridium. Grænselaget mellem Kridt- og Danientiderne er blevet undersøgt andre steder på Jorden, og også dér finder man et forhøjet indhold af Iridium. Iridium er sjælden på Jorden, men meteoritter har ofte et meget højt

indhold af netop dette metal. Forskerne mener derfor, at iridiummet stammer fra et stort meteor nedslag.
Man har siden fundet et stort begravet nedslagskrater under Chicxulub, som ligger på Yucatan halvøen i Mexico. Krateret kan dateres til 65 millioner år siden, altså samtidig med den masseuddøen af Jordens flora og fauna. Derudover har man, i de omliggende områder i USA og på Haiti i Danien – Maastrichtgrænselaget, fundet store mængder af materiale, der er slynget ud i forbindelse med nedslaget ved Chicxulub. Der er oven i købet indikationer på lag, som er dannet af tsunamier, dvs. bølger opstået i havet på grund af jordskælv i forbindelse med nedslaget. Det betyder, at nedslaget har været en meget voldsom begivenhed.

Endvidere har man fundet flere andre kratere, med stort set samme alder som Chicxulub krateret, der måske kan tilskrives meteornedslag. Det drejer sig om Boltyschkrateret i Ukraine (24 km i diameter, alder 65 millioner år), Silverpitkrateret i Nordsøen (20 km i diameter, nedslagstidspunkt mellem 74 og 45 millioner år) og Shivakrateret, vest for Indiens kyst. Sidstnævnte er meget stort, men forskerne er overhovedet ikke enige om, det er et nedslagskrater. Det er tænkeligt, at en enkelt meteor blev slået i flere stykker ved sammenstødet med den øvre atmosfære, sådan at der har været mange nedslagssteder.
Dateringerne er dog usikre, og det er langt fra sikkert, at nedslagene er helt sammenfaldne.
Store nedslag har således ført til lokal vulkanisme, med store mængder aske. Enorme Tsunamibølger er strøget ind over de omliggende landområder og har dræbt alt levende på sin vej. Havet er blevet forsuret af svovldioxid fra udbrudsgasserne, hvad der har påvirket det marine havmiljø.
Nogen forskere mener, at meteornedslaget/ne for 65 millioner år siden forårsagede masseuddøen på Jorden.

En anden teori går ud på, at masseuddøen skyldes massiv vulkansk aktivitet forskellige steder på Jorden, såsom de tykke basaltlag, Deccan Traps, i Indien og vulkanisme i forbindelse med åbningen af Atlanterhavet. Begge de vulkanske lag har en alder på omkring 65 millioner år.

Vi ved fra moderne store vulkanudbrud, at den massive produktion af svovldioxid og aske i forbindelse med udbruddet, kan have stor effekt på klimaet. Aerosoler af svovldioxid skærmer for en del af sollyset, hvorved det bliver køligere. Vulkanismen kan ligeledes have forsuret havet og påvirket det marine liv.

Laki vulkanudbruddet på Island, i 1783, udspyede enorme mængder af svovldioxid, der lå som en tåge henover øen og dræbte 50% af kvæget og 75 % af fårene, mens vegetation visnede. 20 % af befolkningen omkom af sult. - Basaltlaget fra dette udbrud dækker 600 $km^2$ (Bornholms størrelse). Derudover er den efterfølgende periode, 1783 til 1805, karakteriseret ved usædvanlige kolde vintre. Andre store vulkanudbrud i historisk tid har ligeledes påvirket klimaet - der blev køligere i en periode.
Nogle palæontologer har rejst tvivl om, hvorvidt masseudslettelsen skete inden for nogle få år, eller om den muligvis strakte sig over 10 millioner år. Det første ville passe godt med en pludselig katastrofe som et meteoritnedslag, mens det sidste ville passe bedre med et langstrakt forløb som f.eks. vulkansk aktivitet.
I 1991 kunne nogle forskere fremlægge resultaterne af et treårigt undersøgelsesarbejde ved Hell Creek, i Montana. Deres forskning viser, at udslettelsen skete brat, og at der ikke kunne findes beviser for en langsom nedgang i biodiversiteten af faunaen og floraen. Dette tydes af de fleste, som et bevis for, at Kridt – Danien grænsen virkelig er det synlige spor efter en pludselig begivenhed (meteornedslag?), der udslettede mange af jordens dyrearter, deriblandt dinosaurerne, hvaløglerne og flyveøglerne.

# Appendiks D – Røntgenanalyser

Røntgen fluorescensanalyserne, som er vist her, er fra Högberg et al (2012) og Michelsen (1966). Begge forfattere analyserede for 9 elementer, $Al_2O_3$, $SiO_2$, $SO_3$, Cl, $K_2O$, CaO, Ti, Mn og Fe. Her er kun udvalgt 4 elementer $Al_2O_2$, $SiO_2$, Cl og Fe. - Analyserne er lavet på flintstykker, der i videst muligt omfang ikke er patineret. - Högsberg lavede også en analyse på patinerede flintstykker, der viser, at den patinerede overflade er påvirket af indtrængende salte, jern og ler ($Al_2O_3$).

Kunzendorf et al. (1986) lavede sine analyser på kalkprøver fra Nordsøens Tyra boringer, inklusiv en enkelt prøve af flint. Analyserne på kalken er vist i Fig. 23 og analysen af flinten i ovenstående tabel. Kunzendorfs analyser er udført med Neutron Aktivering teknik på Risø. Formålet var at undersøge kalkens sporelementer. Her er udtaget $Al_2O_2$, Cl og CaO fra hans analyser. Desværre blev der ikke analyseret for $SiO_2$.

# Maastricht Flint

| Type | Lokalitet | Alder | $Al_2O_3$ % | $SiO_2$ % | CaO % | Cl ppm | Fe ppm | |
|---|---|---|---|---|---|---|---|---|
| Falster | Hasselø | Maast | 0,069 | 99,66 | 0,11 | 0 | 60 | Högsb. 2012 |
| Falster | Hasselø | Maast | 0,077 | 99,60 | 0,15 | 36 | 66 | Högsb. 2012 |
| Scandinav. | Rørdal | Maast | 0,088 | 99,62 | 0,14 | 81 | 64 | Högsb. 2012 |
| Senonian | Ellidshøj | Maast | 0,067 | 99,20 | 0,17 | 62 | 57 | Högsb. 2012 |
| Senonian | Ellidshøj | Maast | 0,173 | 99,41 | 0,16 | NA | 88 | Högsb.2012 |
| Senonian | Ellidshøj | Maast | 0,143 | 99,57 | 0,12 | 30 | 100 | Högsb. 2012 |
| Senonian | Ellidshøj | Maast | 0,206 | 99,17 | 0,21 | 102 | 46 | Högsb. 2012 |
| Senonian | Ellidshøj | Maast | 0,123 | 99,42 | 0,21 | 109 | 57 | Högsb. 2012 |
| Rügen | Jasmund | Maast | 0,054 | 98,76 | 1,08 | 66 | 62 | Högsb.2012 |
| Rügen | Jasmund | Maast | 0,107 | 98,36 | 1,31 | 81 | 47 | Högsb. 2012 |
| Sort Maastricht | Stevns | Maast | 0,032 | 98,44 | 0,09 | NA | 70 | Michelsen 1966 |
| | | | | | | | | |
| | **Maast. middel** | | 0,104 | 99,2 | 0,34 | | 65,2 | |
| | **Maast. median** | | 0,088 | 99,41 | 0,16 | | 62,0 | |

## Danien Flint

| Type | Lokalitet | Alder | $Al_2O_3$ % | $SiO_2$ % | CaO % | Cl ppm | Fe ppm | |
|---|---|---|---|---|---|---|---|---|
| LGC | Tyra Feltet | Dan | 0,159 | NA | 0,48 | 4760 | NA | Kunz 1986 |
| B | Klintholm | Dan | 0,340 | 99,00 | 0,27 | 139 | 135,0 | Högsb2012 |
| B | Klintholm | Dan | 0,406 | 98,91 | 0,295 | 115 | 143,0 | Högsb2012 |
| B | Klintholm | Dan | 0,238 | 98,83 | 0,39 | 123 | 113,0 | Högsb2012 |
| B | Klintholm | Dan | 0,315 | 99,00 | 0,36 | 129 | 128,0 | Högsb2012 |
| B | Klintholm | Dan | 0,109 | 99,45 | 0,21 | 108 | 133,0 | Högsb2012 |
| GBD | Kølbygaard | Dan | 0,221 | 99,09 | 0,50 | 123 | 116,0 | Högsb2012 |
| GBD | Sevel | Dan | 0,135 | 94,18 | 5,35 | 106 | 466,0 | Högsb2012 |
| GBD | Sevel | Dan | 0,154 | 93,82 | 5,57 | 93 | 441,0 | Högsb2012 |
| GBD | Mønsted | Dan | 0,126 | 97,69 | 1,64 | 178 | 178,0 | Högsb2012 |
| GBD | Mønsted | Dan | 0,210 | 97,06 | 1,95 | 305 | 171,0 | Högsb2012 |
| RBB | Odby* | Dan | 0,000 | 99,55 | 0,26 | 123 | 60,0 | Högsb2012 |
| RBB. | Odby* | Dan | 0,119 | 99,32 | 0,28 | 60 | 62,0 | Högsb2012 |
| RBB. | Bjerge by* | Dan | 0,264 | 98,97 | 0,30 | 94 | 97,0 | Högsb2012 |
| RBB. | Helligkilde * | Dan | 0,120 | 98,73 | 1,06 | 23 | 105,0 | Högsb2012 |
| BB | Fakse | Dan | 0,130 | 99,41 | 0,30 | 93 | 56,0 | Högsb2012 |
| BB | Vokslev | Dan | 0,000 | 99,59 | 0,25 | 61 | 62,0 | Högsb2012 |
| | | | | | | | | |
| | **Dan middel** | | 0,179 | 98,29 | 1,19 | | 154,1 | |
| | **Dan mean** | | 0,154 | 98,99 | 0,33 | | 122,0 | |

* Lokalitet på salthorst

B – Bryozoan, LGC - Light grey chert, GBD - Gray Band Danian, RBB - Red-Brown Bryozoan, BB – Brown Bryozoan

## Kristianstadflint

| Type | Lokalitet | Alder | $Al_2O_3$ % | $SiO_2$ % | CaO % | Fe ppm | |
|---|---|---|---|---|---|---|---|
| Kristianstad, black | Hanaskog | Maast | 0,778 | 97,88 | 0,46 | 1737,0 | Högsb2012 |
| Kristianstad, black | Hanaskog | Maast | 0,415 | 98,61 | 0,34 | 1661,0 | Högsb2012 |
| Kristianstad, black | Hanaskog | Maast | 0,231 | 98,34 | 1,01 | 1097,0 | Högsb2012 |
| | | | | | | | |
| | **Hanaskog Middel** | | 0,475 | 98,28 | 0,602 | 1498,3 | |

## Ordovisisk flint

| Type | Lokalitet | Alder | $Al_2O_3$ % | $SiO_2$ % | CaO % | Fe ppm | |
|---|---|---|---|---|---|---|---|
| Ordovicium | Öland | Ordo. | 1,17 | 81,40 | 15,90 | 7118 | Högsb2012 |
| Kinnekulle | Kinnekulle | Ordo. | 0,50 | 98,33 | 0,41 | 441 | Högsb2012 |

## Paramoudra flint

| Type | Lokalitet | Alder | $Al_2O_3$ % | $SiO_2$ % | CaO % | Fe ppm | |
|---|---|---|---|---|---|---|---|
| Paramoudra | England | Camp. | 0,027 | | | 150 | Clayton 1983 |
| Paramoudra | England | Camp. | 0,025 | | | 1000 | Clayton 1983 |

## Patineret flint

| Patineret flint | | 1,72 | 96,82 | 0,04 | 3763 | Högsb2012 |
|---|---|---|---|---|---|---|
| Upatineret flint | | 0,14 | 99,31 | 0,37 | 118 | Högsb2012 |

# Appendiks E – Silicagel

Det industrielle produkt Silicagel er muligvis en moderne analog til "protoflint".

Silicagel er en amorf og porøs form af siliciumdioxid ($SiO_2$). Det er hårdt og transparent, men blødere end glas og kvarts. Den gennemsnitlige porestørrelse er 2,4 nanometer.

Silikagel, er dannet fra en opløsning af kiselsyre, $Si(OH)_4$, der ved syretilsætning polymeriseres og danner en geléagtig masse, der ved tørring danner hårde, fugtighedssugende korn. Det fremstilles syntetisk ud fra silikater. Trods navnet er silicagel ikke en gel, men et fast stof. Det bruges i hverdagen til at kontrollere fugtighed i forskellige produkter, da det kan absorbere en stor mængde vand.

Fremstillingsprocessen ligner dannelsen af "protoflinten" ved svovlbrintefronten. Den viser måske også, at opal-gelen meget hurtigt er størknede til "hård" opal, der ikke har haft nogen krystalstruktur.

*Fig. E1 – Moderne silica-gel, måske en moderne ækvivalent til protoflint?*

# Appendiks F – Stratigrafi

Geologerne har flere typer af stratigrafisk nomenklatur til at holde styr på deres observationer, to af dem er Kronostratigrafi og Lithostratigrafi.

"Stratigrafi er en geologisk metode, som har til formål at beskrive, klassificere og redegøre for de geologiske lags (bjerg- og jordarter) sammensætning, indbyrdes alder og relation med henblik på tolkning og kortlægning af jordskorpens geologiske udvikling" (GEUS).

Kronostratigrafi er en måde, at inddele Jordens historie i mindre tidsenheder (Fig 1). Herved får man en tidsramme, man kan bruge til at indføre observationerne ude i felten i. Et eksempel er Kridttiden.

Lithostratigrafi er den stratigrafiske metode, hvor man inddeler et områdes geologiske lag og lagserier i forskellige enheder, som er grundlæggende for, når områdets geologiske udvikling skal forstås og beskrives. Ved brug af den stratigrafiske metode kan de geologiske lag skelnes fra hinanden, følges fra sted til sted og kortlægges.

Den geologiske kortlægning af Danmark begyndte for over 100 år siden. I den periode er geologien, som en videnskabelig disciplin, undergået en stor udvikling. Det betyder også, at den stratigrafiske navngivning på Stevns Klint (og i Danmark som helhed) har undergået en udvikling. Når man læser ældre litteratur om Stevns Klint, vil man derfor finde andre navne for de stratigrafiske enheder.

På Stevns Klint har forfatteren benyttet den seneste stratigrafiske navngivning (Surlyk et al. 2006). Diagrammet, nedenunder, forsøger at vise de nuværende stratigrafiske navne for Maastricht, Danien og Selandien.

I forbindelse med den ældre litteratur, forekommer forskellige bjergarts beskrivelser. I det følgende er nogle af disse bjergartsbeskrivelser defineret.

*Skrivekridt (engelsk: chalk, tysk: Schreibkreide, fransk: craie)*: Skrivekridt er en finkornet, ofte forholdsvis svagt hærdnet sedimentær bjergart, som overvejende består af mikroskopiske skalrester, såkaldte kokkolitter, fra encellede havalger. Det er en mudstone til tider en wackestone.

*Slamkalk:* Slamkalk er en hvid eller lys grå, finkornet kalk. Ifølge Dunham klassifikationen er den en mudstone (Appendiks A). Kornene er alle rester af fossiler. Den forekommer udbredt i Danien aflejringerne i Jylland. Det meste af kalken (Danien) ude i Nordsøen falder ind under denne kategori.

*Kalksandskalk*: Kalksandskalk er en finsandet kalksten, hvor kornene består af fossilrester. Ifølge Dunham klassifikationen er den en wackestone (Appendiks A). Kalken er til tider hærdnet i tynde lag (halv meters tykkelse), som kan følges over store afstande. Det er formodentlig hærdningshorisonter.

*Koralkalk*: Koralkalken er dannet af grene af koraller, der danner linser af denne kalk i bryozokalken. Linserne har en udbredelse på 200x200 m og med en højde på 30 m. Denne kalk er en boundstone.

Nogen af disse kalkbjergarter er blevet brugt til lithostratigrafiske enheder.

Højerup Leddet og Sigerslev Leddet blev tidligere benævnt henholdsvis Skrivekridtet og Det Grå Kridt, mens Korsnæb Leddet blev kaldt Bryozokalk laget. Koralkalken ved Fakse og Lindhamn i Sverige er ikke tidligere blevet udskilt som separate lithostratigrafiske enheder. Møn, Rødvig og Stevns Klint formationerne er til dels nye enheder (Surlyk et al. 2006). Møn og Stevnsklint Formationerne er tidsækvivalent med henholdsvis Tor og Ekofisk Formationerne ude i Nordsøen. Man kan argumentere for at Maastricht kalken i Jylland skal inkluderes i Tor Formationen, mens Maastricht kalken på Sjælland og Møn skal inkluderes i Møn Formationen.

Den stratigrafiske klassifikation følger den af Dansk Geologisk Forening anbefalede (se Geologisk Tidsskrift 1996, 2).

Det lithostratigrafiske system er et hierarkisk system således, at den overordnede enhed er en Gruppe, som er opbygget af formationer. Formationerne opdeles i Led, som kan underinddeles i lag. Enhederne beskrives og defineres på basis af et typeprofil (e.g. Stevns Klint), der ofte navngives efter en geografisk lokalitet (e.g. Stevns Klint Formationen). Formationerne på Stevns Klint er inkluderet i Chalk Group (Skrivekridt Gruppen).

Enhederne beskrives og defineres på basis af et typeprofil (e.g. Stevns Klint), der ofte navngives efter en geografisk lokalitet (e.g. Stevns Klint Formationen).

Formationerne på Stevns Klint er inkluderet i Chalk Group (Skrivekridt Gruppen).

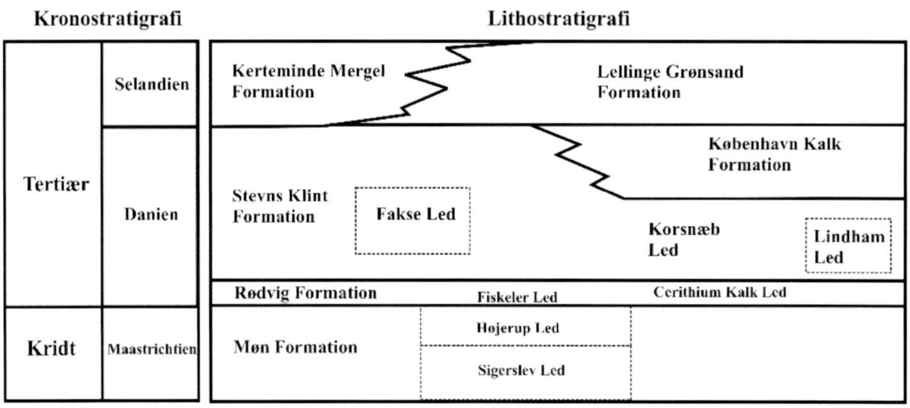


*Fig. F1 – Stratigrafisk skema for den øverste del af Kridt og den nederste del af Tertiær tiderne på Sjælland. Modificeret efter Stenestad (1976). Fakse- og Lindham Leddene er koralkalk. Koralkalken findes også andre steder (i boringer) som mindre lag (e.g. Herlufsholm ved Næstved).*